IUV-ICT 技术实训教学系列丛书

新基建——5G 站点
设计建设技术

章永东　陈佳莹　林　磊◎编著

U0310483

中国铁道出版社有限公司
CHINA RAILWAY PUBLISHING HOUSE CO., LTD.

内 容 简 介

本书以5G站点工程建设实际工作过程为主线，紧贴工程现场实际情况，介绍了5G与网络规划相关知识；紧跟5G站点工程发展步伐，除了传统的建设方式以外，还介绍了数字化室分这种最新的建设方案。

本书以5G站点工程建设技术为主要内容，并结合"IUV-5G站点工程建设软件"进行实训。本书既能加深读者对相关理论知识的掌握，又能提升读者的工程实践技能。

本书适合作为高等院校通信技术相关专业的教材或参考书，也适合从事5G站点规划、勘察设计、工程预算、工程实施等与5G站点项目相关工作的技术人员和管理人员阅读。

图书在版编目（CIP）数据

新基建-5G站点设计建设技术/章永东，陈佳莹，林磊编著 . —北京：中国铁道出版社有限公司，2021.10
（IUV-ICT技术实训教学系列丛书）
ISBN 978-7-113-28093-2

Ⅰ.①新… Ⅱ.①章… ②陈… ③林… Ⅲ.①第五代移动通信系统 Ⅳ.① TN929.53

中国版本图书馆 CIP 数据核字 (2021) 第 123812 号

书　　名：新基建——5G 站点设计建设技术
作　　者：章永东　陈佳莹　林磊

策　　划：王春霞　　　　　　　　　　　　　　编辑部电话：(010) 63551006
责任编辑：王春霞　绳　超
封面设计：郑春鹏
责任校对：焦桂荣
责任印制：樊启鹏

出版发行：中国铁道出版社有限公司（100054，北京市西城区右安门西街 8 号）
网　　址：http://www.tdpress.com/51eds/
印　　刷：三河市航远印刷有限公司
版　　次：2021 年 10 月第 1 版　2021 年 10 月第 1 次印刷
开　　本：850 mm×1168 mm 1/16　印张：13.5　字数：342 千
书　　号：ISBN 978-7-113-28093-2
定　　价：42.00 元

前　言

随着通信技术的更新换代，截至 2020 年 10 月，我国已累计开通 5G 基站超过 70 万个，终端连接数超过 1.8 亿个。同时，国家发改委明确表示将加大力度支持 5G 网络建设，包含站址资源获取、资金投入等方面，并充分调动起社会资本，稳步推进 5G 网络建设。

移动、联通、电信三大运营商纷纷推出新的 5G 网络建设计划，2021 年 5G 建设将全面提速，全国有望新建 5G 基站超过 100 万个，初步实现全国覆盖。预计到 2030 年，由 5G 产业总体带动的 GDP 将达到 5 万亿元，并深度赋能制造、交通运输、金融等领域发展。

本书概述了通信技术的发展，重点阐述了工程规划设计和规范标准，包含 5G 站点工程基础、5G 站点工程勘察、5G 室外覆盖系统设计、5G 室内分布系统（简称"室分系统"）设计、5G 站点工程概预算、5G 站点工程实施与验收等，对高校师生、设计人员、工程及维护人员都有很好的参考价值和实际意义。

本书主要内容说明如下：

第 1 章介绍了移动通信演进历史，从第一个无线通信实验室的起源，到后来五代移动通信系统的演进。

第 2 章介绍了 5G 站点整体情况和室分系统分布，罗列出典型设备简介和站点工程流程。

第 3 章介绍了 5G 站点工程勘察相关工具，对手持 GPS 与指南针及其使用进行了详细介绍。其后介绍了室外站点与室内站点勘察记录表及相关信息，并对各类信息的具体内容进行了详细介绍。

第 4 章介绍了基站机房整体布局设计和各设备系统的设计规范，如电源及防护设备、传输设备、基站主设备、配套设备等。

第 5 章介绍了 5G 室内分布系统的规划设计流程与规范，包括室内容量分析、室内覆盖分析、天线设计等。

第 6 章介绍了 5G 站点工程概预算的组成和编制。在所有工程项目中，概预算都是重中之重，对项目中所包含的人力资源和建材设备进行统计计算，确保项目成本在可控范围内。通过

本章的学习，读者可了解各类费用的计算方法与概预算表格编制。

第 7 章介绍了 5G 站点工程实施与验收。工程实施与验收直接关系到工程质量与后期使用。通过本章的学习，读者可详细了解站点工程施工流程、各类相关设备安装规范与工程验收相关规范。

本书由章永东、陈佳莹、林磊编著。

限于编著者水平，书中难免存在疏漏之处，敬请广大读者批评指正。

编著者

2021 年 3 月

目 录

第1章

5G 概述

作为新一代移动通信网络，5G 在诞生之初就引起了人们的广泛关注，也成了全产业技术革新的重要支点。如何实现全产业性能需求，如何构建万物互联的更高效的移动互联网时代，引领新一代生活方向，便成了 5G 网络的重点研究方向。本章通过介绍移动网络的基础概念与演进，阐述了 5G 的网络架构和性能目标，并简要展望了 5G 相关产业的发展前景。

1.1 移动通信网络概述

如今，移动通信技术已经成为人们生活的一部分。在过去的几十年里，世界见证了四代移动通信技术的发展，它从过去只为少数人服务的昂贵技术，演变成今天为全世界大部分人所使用的无处不在的系统。从 19 世纪 90 年代马可尼的第一个无线通信实验开始，通往真正的移动通信的道路十分漫长。为了理解如今复杂而庞大的移动通信系统，我们有必要了解一下它的演进过程。

1.1.1 移动通信演进概述

第一代移动通信系统（1G）出现于 20 世纪 80 年代左右，是最早的仅限语音业务的蜂窝电话标准，使用的是模拟通信系统。美国摩托罗拉公司的工程师马丁·库珀于 1976 年首先将无线电应用于移动电话。同年，国际无线电大会批准了 800 MHz/900 MHz 频段用于移动电话的频率分配方案。在此之后一直到 20 世纪 80 年代中期，许多国家都开始建设基于频分复用技术（Frequency Division Multiple Access，FDMA）和模拟调制技术的第一代移动通信系统。1G 的主要技术有美国贝尔实验室研制的先进移动电话系统（Advanced Mobile Phone System，AMPS）、瑞典等北欧四国研制的 NMT-450 移动通信网、联邦德国研制的 C 网络（C-Netz），以及英国研制的全接入通信系统（Total Access Communications System，TACS）。

第二代移动通信系统（2G）出现于 20 世纪 90 年代早期，以数字语音传输技术为核心。虽然其目标服务仍然是语音，但是数字传输技术使得 2G 系统也能提供有限的数据服务。2G 技术基本可以分为两种，一种是基于时分多址技术（Time Division Multiple Access，TDMA）所发展出来的，以 GSM 为代表，另一种则是基于码分多址技术（Code Division Multiple Access，CDMA）的 IS-95 技术。随着时间的推移，GSM 从欧洲扩展到全球，并逐渐成为第二代技术中的绝对主导。尽管目前第五代技术已经问世，在世界上许多地方 GSM 仍然起着主要作用。

第三代移动通信系统（3G）出现于 2000 年初期，是支持高速数据传输的蜂窝移动通信技术。3G 采用码分多址技术，现已基本形成了三大主流技术，包括：WCDMA、CDMA 2000 和 TD-SCDMA。WCDMA 是基于 GSM 发展出来的 3G 技术规范，是由欧洲提出的宽带 CDMA 技术。目前已是当前世界上采用的国家及地区最广泛的，终端种类最丰富的一种 3G 标准。CDMA 2000 是由 CDMA IS95 技术发展而来的宽带 CDMA 技术，由美国高通公司为主导提出。TD-SCDMA 是由中国制定的 3G 标准，由中国原邮电部电信科学技术研究院（大唐电信）提出。

第四代移动通信系统（4G）出现于 2010 年，是在 3G 技术上的一次更好的改良，能提供更高速率的移动宽带体验。4G 使用了 OFDM 以及多天线技术，能充分提高频谱效率和系统容量。根据双工方式的不同，LTE（长期演进）系统又分为 FDD-LTE 和 TD-LTE。其最大的区别在于上下行通道分离的双工方式，FDD-LTE 上下行采用频分方式，TD-LTE 则采用时分方式。除此之外，FDD-LTE 和 TD-LTE 采用了基本一致的技术。国际上大部分运营商部署的是 FDD-LTE，TD-LTE 则主要部署于中国移动以及全球少数的运营商网络中。

4G 虽然已经使用了非常先进的技术，但是人类的需求总是不断在进步的，因此人们从 2012 年左右开始讨论新一代无线通信系统——第五代移动通信系统（5G）。5G 带来的最大变化就是不仅仅要实现人与人之间的通信，更要实现人与物、物与物之间的通信，最终实现万物互联。

1.1.2　5G 标准与国际组织

国际电信联盟（International Telecommunication Union，ITU）是联合国的一个重要专门机构，主管信息通信技术事务的联合国机构，负责分配和管理全球无线电频谱与卫星轨道资源，制定全球电信标准，向发展中国家提供电信援助，促进全球电信发展。国际电信联盟总部设于瑞士日内瓦，其成员包括 193 个成员方和 700 多个部门成员及部门准成员和学术成员。ITU 的组织结构主要分为电信标准化部门（ITU-T）、无线电通信部门（ITU-R）和电信发展部门（ITU-D）。

根据 ITU 的工作流程（见图 1-1），每一代移动通信技术国际标准的制定过程主要包括业务需求、频谱规划和技术方案三个步骤。按照这三个步骤，ITU 对外发布的 IMT-2020 工作计划将 5G 时间表划分成了三个阶段。

图 1-1　ITU 工作流程

第一阶段：2015 年底，完成 IMT-2020 国际标准前期研究，重点是完成 5G 宏观描述，包括 5G 愿景、技术趋势和 ITU 的相关决议。

第二阶段：2016 年至 2017 年年底，主要完成 5G 技术性能需求，评估方法研究等内容。

第三阶段：从 2017 年年底开始，收集 5G 的候选方案。各个国家和国际组织向 ITU 提交候选技术，ITU 将组织对收到的候选技术进行技术评估，组织讨论，并力争在世界范围内达成一致。

3GPP 是一个产业联盟，其目标是根据 ITU 的相关需求，制定更加详细的技术规范与产业标准，规范产业行为。3GPP 的组织结构如图 1-2，项目协调组（PCG）是最高管理机构，负责全面协调工作，如负责 3GPP 组织架构、时间计划、工作分配等。技术方面的工作由技术规范组（TSG）完成。目前 3GPP 共分为 3 个 TSG，分别为 TSG RAN（无线接入网）、TSG SA（业务与系统）、TSG CT（核心网与终端）。每一个 TSG 下面又分为多个工作组（WG），每个 WG 分别承担具体的任务，目前共有 16 个 WG。

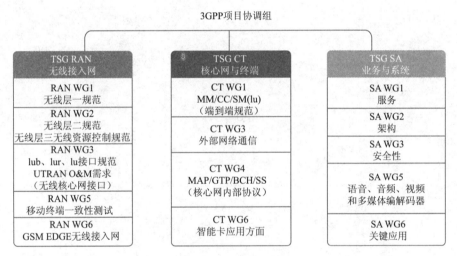

图 1-2　3GPP 的组织架构

3GPP 制定的标准规范以 Release 作为版本进行管理，平均一到两年就会完成一个版本的制定，从建立之初的 R99，到之后的 R4，目前已经发展到 R16。5G 标准的发展如图 1-3 所示。

图 1-3　5G 标准的发展

2015 年 3 月，3GPP 启动了 5G 议题讨论，其中业务需求（SA1）工作组启动了未来新业务需求研究，无线接入网（RAN）工作组启动了 5G 工作计划讨论；2015 年年底，启动了 5G 接入网需求、信道模型等前期研究工作；2017 年年底，完成了 R15 版本 NSA 标准（option3x）的制定；2018 年 6 月，完成了 R15 版本 SA 标准（option2）的制定；2020 年 7 月，完成了 R16 版本所有详细技术标准。

1.2 5G 网络架构

为更好地支持典型应用场景下的不同业务需求，5G 网络中无线侧与核心网侧架构均发生了较大的变化。基于用户面与控制面独立的原则，更灵活的网络节点已成为 5G 网络架构中最核心的理念。

1.2.1 5G 系统架构

5G 系统总体架构如图 1-4 所示。

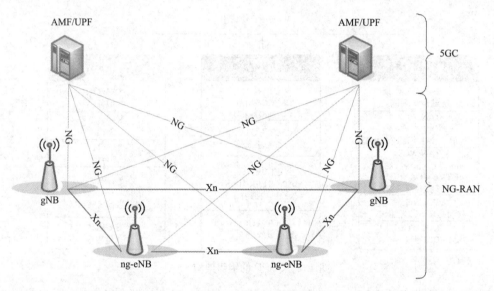

图 1-4 5G 系统总体架构

其中，NG-RAN 代表 5G 接入网，5GC 代表 5G 核心网。

在 NG-RAN 中，节点只有 gNB 和 ng-eNB。gNB 负责向用户提供 5G 控制面和用户面功能，根据组网选项的不同，还可能包含 ng-eNB，负责向用户提供 4G 控制面和用户面功能。

5GC 采用用户面和控制面分离的架构，其中 AMF 是控制面的接入和移动性管理功能，UPF 是用户面的转发功能。

NG-RAN 和 5GC 通过 NG 接口连接，gNB 和 ng-eNB 通过 Xn 接口相互连接。

1.2.2 5G 接入网站点架构

4G 无线网络架构如图 1-5 左侧所示，基站由 BBU（Base Band Unit）、RRU（Remote Radio Unit）和天线三个部分组成。BBU 是基带处理单元，RRU 是射频拉远单元，天线负责信号的接收和发送。

而到了 5G 时代，将无线基站进行了重构，如图 1-5 右侧所示。BBU 被拆分成 CU（Centralized

Unit）和 DU（Distributed Unit），RRU 和天线合并在一起变成 AAU（Active Antenna Unit）。接下来将从两个方面阐述 5G 基站重构的好处。

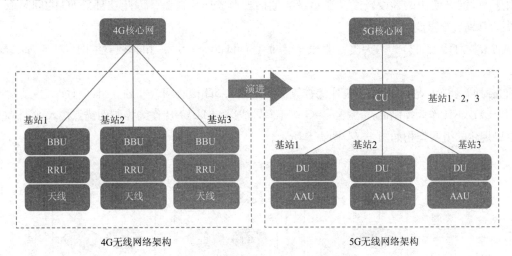

图 1-5　4G 演进 5G 网络架构对比图

　　CU 和 DU 的切分是根据无线侧不同协议层实时性的要求来进行的，如图 1-6 所示，在这样的原则下，把对实时性要求高的物理高层、MAC、RLC 层放在 DU 中处理，而把对实时性要求不高的 PDCP 层和 RRC 层放到 CU 中处理。

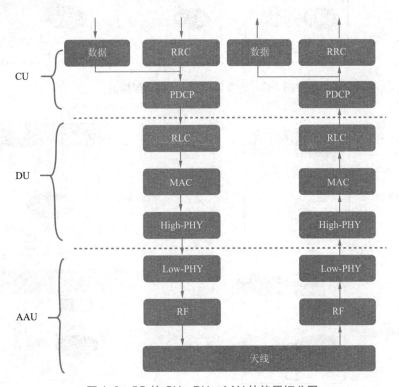

图 1-6　5G 的 CU、DU、AAU 协议层切分图

1.2.3　5G 部署方案演进

由于 5G 网络使用的频段较高，在建设初期很难形成连片覆盖，因此在部署 5G 的同时取得成熟 4G 网络的帮助就很重要。

组网架构总体上可分为两大类，即独立组网（Standalone，SA）和非独立组网（Non-Standalone，NSA）。

独立组网（SA）是指以 5G NR 作为控制面锚点接入 5G 核心网，非独立组网（NSA）是指 5G NR 的部署以 LTE eNB 作为控制面锚点接入 4G 核心网，或以 eLTE eNB 作为控制面锚点接入 5G 核心网。

协议规定的组网架构如图 1-7、图 1-8 所示。

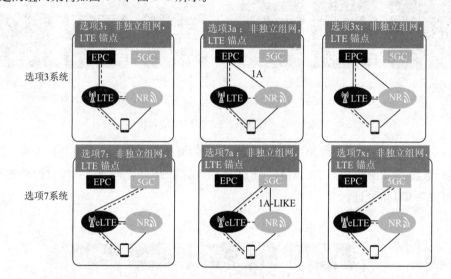

图 1-7　选项 3 与选项 7 组网架构图

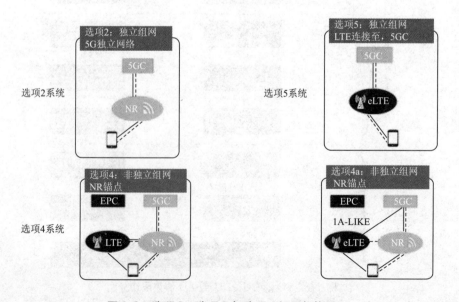

图 1-8　选项 2、选项 5 与选项 4 组网架构图

相对于 NSA，SA 对 LTE 现网改造更小，且便于引入 5G 新业务，但是投资成本高，产业进度略晚；SA 和 NSA 各有优劣，建议运营商根据实际需求选择建网模式。对于具体的部署来说，当前运营商主要采用选项 2 和选项 3x 两种部署选项，其中选项 2 对 LTE 网络无影响，引入简单，可快速验证 5G 性能，但 NR 需实现连续覆盖，否则语音业务切换流程复杂，QoS 无法保障；选项 3x 网元更改少，与现网耦合程度深，适合引入初期 NR 终端比例小的情况；选项 7x 可实现全 5G 能力，有效避免后续无线网络的多次升级，适合在 5GC 产业成熟情况下的引入。5G 网络部署演进方案如图 1-9 所示。

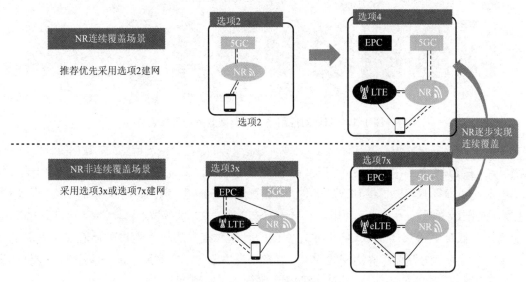

图 1-9　5G 网络部署演进方案

1.3　5G 发展愿景

在 5G 飞速发展的热潮之下，相关互联网产业与制造业等迎来了新的发展机遇。工业 4.0 的时代也加速到来，"机器通信"、"无人驾驶"、"VR/AR"、"远程医疗"和"智慧工厂"正逐渐深入千家万户。根据中国信息通信研究院发布的《中国 5G 发展和经济社会影响白皮书（2020 年）》，未来我国的 5G 网络规模将引领全球 5G 发展，既可推动 ICT（信息与通信技术）产业步入增长新轨，也可与千行百业的广泛融合，为经济社会的创新发展打开广阔空间。为满足不同场景的业务需求，5G 网络通过精细化场景划分，通过不同切片编排使得 5G 网络性能实现了差异化网络资源的最大化利用。

1.3.1　5G 应用场景

面对未来丰富的应用场景，5G 需要应对差异化的挑战，不同的场景、不同用户的不同需求。因此，ITU 在召开的 ITU-RWP5D 第 22 次会议上确定了 5G 应具有以下三大主要应用场景：增强型移动宽带 eMBB（Enhanced Mobile Broadband）、超高可靠低时延通信 uRLLC（Ultra Reliable & Low Latency Communication）和大规模机器类通信 mMTC（Massive Machine Type of Communication），前者主要聚焦移动通信，后两者则侧重于物联网。

ITU 对应用场景与典型业务的具体划分如图 1-10 所示。

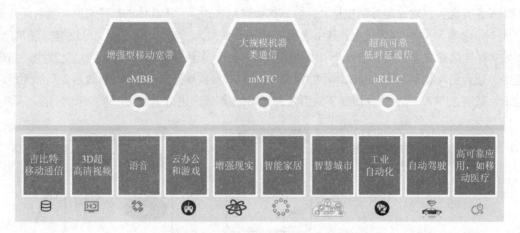

图 1-10　ITU 对应用场景与典型业务的具体划分

增强型移动宽带（eMBB）可以看成是 4G 移动宽带业务的演进，它支持更大的数据流量和进一步增强的用户体验。主要目标是为用户提供 100 Mbit/s 以上的体验速率，在局部热点区域提供超过数十吉比特每秒的峰值速率。eMBB 不仅可以提供 LTE 现有的语音和数据服务，还可以实现诸如高清视频、AR/VR、云游戏等应用，提升用户体验。在技术上，引入了 Massive MIMO、毫米波等技术，且需要增加工作带宽。

超高可靠低时延通信（uRLLC）要求非常低的时延和极高的可靠性，在时延方面要求空口达到 1 ms 量级，在可靠性方面要求高达 99.999%。这类场景主要包括车联网、远程医疗、工业自动化等。在技术上，需要采用灵活的帧结构、符号级调度、高优先级资源抢占等。

大规模机器类通信（mMTC）指的是支持海量终端的场景，其特点是低功耗、大连接、低成本等。主要应用包括智慧城市、智能家居、环境监测等。为此需要引入新的多址接入技术，优化信令流程和业务流程。

1.3.2　5G 关键性能

（1）移动性。移动性历代移动通信系统重要的性能指标，指在满足一定系统性能的前提下，通信双方最大相对移动速度。5G 移动通信系统需要支持飞机、高速公路、城市地铁等超高速移动场景，同时也需要支持数据采集、工业控制、低速移动或非移动场景。因此，5G 移动通信系统的设计需要支持更广泛的移动性。

（2）时延。它采用 OTT 或 RTT 来衡量，前者是指发送端到接收端接收数据之间的间隔，后者是指发送端到发送端数据从发送到确认的时间间隔。在 4G 时代，网络架构扁平化设计大大提升了系统时延性能。在 5G 时代，车辆通信、工业控制、增强现实等业务应用场景，对时延提出了更高的要求，最低空口时延要求达到了 1 ms。在网络架构设计中，时延与网络拓扑结构、网络负荷、业务模型、传输资源等因素密切相关。

（3）用户感知速率。5G 时代将构建以用户为中心的移动生态信息系统，首次将用户感知速率作为网络性能指标。用户感知速率是指单位时间内用户获得 MAC 层用户面数据传送量。实际网络应用中，用户感知速率受到众多因素的影响，包括网络覆盖环境、网络负荷、用户规模和分布范围、用户位置、业务应用等因素，一般采用期望平均值和统计方法进行评估分析。

（4）峰值速率。这是指用户可以获得的最大业务速率，相比 4G 网络，5G 移动通信系统将进一步提升峰值速率，可以达到数十吉比特每秒。

（5）连接数密度。在 5G 时代存在大量物联网应用需求，网络要求具备超千亿设备连接能力。连接数密度是指单位面积内可以支持的在线设备总和，是衡量 5G 移动网络对海量规模终端设备的支持能力的重要指标，一般不低于每平方千米十万个终端设备。

（6）流量密度。流量密度是单位面积内的总流量数，是衡量移动网络在一定区域范围内数据传输能力。在 5G 时代，需要支持一定局部区域的超高数据传输，网络架构应该支持每平方千米能提供数十太比特每秒的流量。在实际网络中，流量密度与多个因素相关，包括网络拓扑结构、用户分布、业务模型等因素。

（7）能源效率。能源效率是指每消耗单位能量可以传送的数据量。在移动通信系统中，能源消耗主要指基站和移动终端的发送功率，以及整个移动通信系统设备所消耗的功率。在 5G 移动通信系统架构设计中，为了降低功率消耗，采取了一系列新型接入技术，如低功率基站、D2D 技术、流量均衡技术、移动中继等。

1.3.3　5G 愿景

移动通信已经深刻地改变了人们的生活，但人们对更高性能移动通信的追求从未停止。为了应对未来爆炸性的移动数据流量增长、海量的设备连接、不断涌现的各类新业务和应用场景，第五代移动通信系统（5G）应运而生。5G 将渗透未来社会的各个领域，以用户为中心构建全方位的信息生态系统。5G 将使信息突破时空限制，提供极佳的交互体验，为用户带来身临其境的信息盛宴；5G 将拉近万物的距离，通过无缝融合的方式，便捷地实现人与万物的智能互联。5G 将为用户提供光纤般的接入速率，"零"时延的使用体验，千亿设备的连接能力，超高流量密度、超高连接数密度和超高移动性等多场景的一致服务，业务及用户感知的智能优化，同时将为网络带来超百倍的能效提升和超百倍的比特成本降低，最终实现"信息随心至，万物触手及"的总体愿景。

市场调研机构 IHS 预测，到 2035 年，5G 将在全球创造 12.3 万亿美元经济产出，基本相当于所有美国消费者在 2016 年的全部支出，全球 5G 价值链则将创造 3.5 万亿美元产出，并创造 2 200 万个工作岗位，平均每年将投入 2 000 亿美元，其中，到 2030 年 5G 有望在我国国内直接创造 3 万亿元，间接拉动 3.6 万亿元的经济增加值，中国将获得的工作岗位达 950 万个，为全球首位，远超美国的 340 万个。

小结

本章首先介绍了移动通信演进历史，从第一个无线通信实验室的起源，到后来五代移动通信系统的演进，可以看出移动通信技术的发展是一个漫长而复杂的过程。

5G 与之前的每一代移动通信系统最大的区别在于，它的目标不仅仅是实现人和人的连接，还能实现人与物、物与物的连接。5G 有 eMBB、uRLLC 和 mMTC 三大应用场景，分别对应不同的关键性能指标。eMBB 关注大带宽、高频谱效率，uRLLC 关注低时延和高可靠性，mMTC 则关注大连接和低成本。

5G 产业应用主要为标准中定义的三大典型场景下的业务，不同类型的业务具有不同的性能要求，可通过网络切片、虚拟化等技术快速实现。

第 2 章

5G 站点工程基础

2019 年 6 月 6 日，工信部发放 5G 牌照，5G 从此开始走进人们的生活。作为新一代移动通信网络，5G 有着新的系统架构、新的专业技术、新的应用场景。为了更好地使用 5G 新技术应用于各个场景，5G 网络有着庞大而复杂的系统架构，5G 站点是 5G 网络中数量最多的一环，也是 5G 架构中最基础的一环，更是 5G 与用户之间连接的一环，站点质量直接决定了 5G 网络的信号服务质量。本章介绍了 5G 站点的类型与各类硬件设备，并简要介绍了 5G 站点工程流程。

2.1 站点整体概述

根据国家 YD/T 1051—2018《通信局（站）电源系统总技术要求》规定，通信机房分为四类，具体情况如下：

一类：国家级枢纽、国际关口局、容灾备份中心、省会级枢纽、长途通信楼、核心网局、互联网安全中心、省级互联网数据中心、网管计费中心。

二类：国家级传输干线站、卫星地球站、地市级枢纽、地市级互联网数据中心、客服大楼。

三类：省级传输干线站、县级综合楼。

四类：末端接入网站、移动通信基站、室内分布站等。

从以上分类来看，5G 基站属于四类；从分级上来说，分级越靠后，站点数量越多，分布也越广。

2.1.1 站点整体结构

在 5G 网络架构中，基站（Generation NodeB，gNB）位于最底层，负责提供无线覆盖，实现有线通信网络与无线终端之间的无线信号传输。基站是 5G 网络中最基础的一环。

5G 网络现阶段主要工作在 700 ~ 5 000 MHz 频段，由于频率越高，信号传播过程中的衰减也越大，所以 5G 网络的基站密度将更高。因此，如果需要实现好的信号覆盖效果，5G 网络比其他移动通信网络需要更多的基站进行信号覆盖。

5G 站点结构示意图如图 2-1 所示，一般包含机房、塔桅、电源及防护系统、传输系统、主设备及天馈系统。

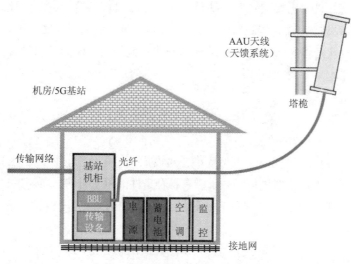

图 2-1　5G 站点结构示意图

2.1.2　通信机房简介

通信机房是指存放通信设备，为用户提供通信服务的地方。

1. 机房要求

5G 基站的机房建设是一个系统工程，要切实做到从工作需要出发，既要满足功能使用需要，又要兼顾美观耐用，并且具备一定的可扩展性。

5G 基站的机房为通信设备提供一个安全运行的空间，为从事通信工作的工作人员创造良好的工作环境。因此为了保障通信设备正常运行及通信工作的顺利开展，机房需要满足一定的要求，具体要求如下：

（1）空间大小。机房内需要安装很多设备，不同设备的大小不一样，运行时还需要保持一定的隔离度，所以机房的整体空间大小需要考虑。

（2）机房质量。机房内设备安装方式一般为地面安装和壁挂安装两种方式，设备质量较大，另外由于一些自然灾害（山火、大风、暴雨、冰雹、地震等），所以机房材质一定要好，具备良好的承重能力并且根据地方气候有一定抗自然灾害能力。

（3）水平垂直。地面安装设备需要保持水平运行，壁挂安装设备需要保持垂直运行，所以机房地面要保持平整且立面要保持垂直，不能有倾斜。

（4）温度湿度。由于温度和湿度对机房设备的电子元器件、绝缘材料以及记录介质都有较大的影响，且设备运行时会产生热量，所以为了保证设备能够正常运行，需要使用空调保持机房的温度湿度。根据国家标准，一般机房温度范围为 20 ～ 25 ℃（68 ～ 75 ℉），湿度范围为 40% ～ 55%。

（5）供电保障。正常情况下机房一般采取市电供电，为了避免停电等其他意外情况，机房需要安装备用电源，关键设备需要同时连接到两个电源，确保在发生电力故障时能瞬间从主用电源切换到备用电源。

（6）监控防护系统。机房需要配备监控防护系统，可以对机房情况进行监控。如果发生意外情况（烟雾、火灾、进水、非法进入、盗窃等）可以立刻上报，以方便相关人员尽快处理，保证机房正常运行。

（7）其他要求。机房还需要考虑除环境以外的一些其他要求，比如机房投资预算、建设周期、建设难度、协调难度等。

2. 机房类型

5G 基站的机房从归属方面来说分为租赁机房与自建机房。租赁机房为租用客户或友商的现有机房，自建机房一般为己方所新建的机房。

租赁机房一般有建设成本较低、建设难度小、建设周期短等优势，所以在租赁机房满足条件的情况下，5G 基站建设时优先考虑租赁机房，如果没有符合条件的租赁机房，再考虑自建机房。

5G 基站的机房从材质上来说，常见的有土建机房、彩钢板机房与一体化（集装箱）机房、一体化机柜等。

（1）土建机房。土建机房如图 2-2 所示，为采用砖混结构建造的基站机房。新建机房的设计使用年限应为 50 年。对既有建筑改建时，结构加固后使用年限宜按 30 年考虑，但不应超过原建筑结构使用年限。在非地震区，结构设计不考虑抗震；在地震区，按本地区设防烈度计算地震作用并采取抗震措施。

图 2-2　土建机房

根据 GB 50189—2015《公共建筑节能设计标准》和 YD/T 5184—2018《通信局（站）节能设计规范》的相关规定。建筑设计应根据当地气候和自然资源条件，充分利用可再生能源。土建机房外墙的传热系数要求达到国家规定标准，外墙一般选用满足承重要求的砌块材料。砖混结构外墙构造可采用单一的墙体材料；当单一墙体材料无法满足节能要求时，也可采用墙体材料加外保温材料构成复合墙体保温。保温材料依照公安部住房和城乡建设部公通字〔2009〕46 号文件选取。保温层的厚度应根据当地气候条件，依据 GB 50189—2015《公共建筑节能设计标准》，经过计算确定。

土建机房整体质量好，并且经久耐用，一般常用于山顶、海边等环境要求较高的室外场景。

（2）彩钢板机房与一体化（集装箱）机房。彩钢板机房与一体化（集装箱）机房都是活动板房，如图 2-3 所示。

彩钢板机房为利用彩钢夹芯板及金属结构件现场拼装而成的基站机房，或者利用彩钢夹芯板及金属结构件在工厂完成整体拼装，可进行整体运输的基站机房。使用年限要求 10 年以上。在非地震区，结构设计不考虑抗震；在地震区，按本地区设防烈度计算地震作用并采取抗震措施。彩钢板机房建筑设计应符合 GB 50189—2015《公共建筑节能设计标准》和 YD/T 5184—2018《通信局（站）节能设计规范》的相关规定。

彩钢板机房造型美观、价格适宜、经济实用、建设周期短，一般常用于市区的各种环境要求不高的室外场景。

一体化（集装箱）机房又称铁甲机房，也是由金属构件拼接而成。在此就不赘述了。

图 2-3　彩钢板机房与一体化（集装箱）机房

（3）一体化机柜。一体化机柜如图 2-4 所示，是指集成了机房的各个功能模块整体呈柜体形状的小型机房。

图 2-4　一体化机柜

一体化机柜按材料来分，可分为金属一体化机柜和非金属一体化机柜。金属机柜常见的材料有钣金、镀锌板、不锈钢、铝合金等。非金属机柜常见的材料有玻璃钢等复合材料等。

一体化机柜占地面积小、价格低廉、建设周期短，一般常用于市区和城郊的各种环境要求不高的室内外场景。

2.1.3 通信塔桅介绍

移动通信塔桅是指承载各种移动天线的塔架、桅杆。包括自立式四边形塔架、独立管塔、桅杆、美化塔、楼上抱杆等。一般单管塔等所有天线都集中在一个塔桅上为集中性塔桅，抱杆等各种天线在不同塔桅上为分散性塔桅。

通信塔桅按照结构不同一般可以分为三类：铁塔、桅杆、景观塔。具体情况如图 2-5 所示。

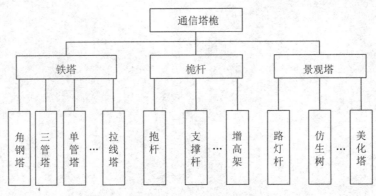

图 2-5　通信塔桅类型

1. 角钢塔

角钢塔由角型钢材（见图 2-6）组装而成，采用螺栓连接，加工、运输、安装都很方便，整体刚度大，承载能力强，技术应用成熟，如图 2-7 所示。但是由于角钢塔占地面积较大且不够美观，因此，角钢塔主要用于市郊、县城、乡镇、农村等区域。

图 2-6　角型钢

图 2-7　角钢塔

2. 三管塔

三管塔如图 2-8 所示，塔身采用钢管制作，三根主要钢管栽在地上作为骨架，再辅助些横的、斜的钢材进行固定。与传统角钢塔相比，三管塔的塔身横截面为三边形，塔径较小，高度低。因此它构造简单、零件数量少、施工方便、占地面积也小、成本比角钢塔低。三管塔使用区域与角钢塔一样，根据实际需求选择。

3. 单管塔

单管塔塔身为一根很粗的钢管，在塔体上部设置工作平台，塔体底部管壁开设下门洞，工作平台所处位置的管壁开设上门洞，天线支架固定于工作平台的围栏上，在塔体内设置由爬梯主杆及爬梯主杆上连接设置的横挡构成的爬梯，如图2-9所示。

图2-8　三管塔

图2-9　单管塔

单管塔简洁、美观、占地面积小、施工快，但是由于构件较大，搬运及安装较麻烦（需要使用吊车），且造价较高。一般用于城市市区、居民小区、高校、商业区、景区、工业园区、铁路沿线等区域，使用场景非常广泛。

4. 拉线塔

拉线塔由塔头、立柱和拉线组成，如图2-10所示。塔头和立柱一般是由角铁组成的空间衍架构成，有较好的整体稳定性，能承受较大的轴向压力，其拉线一般采用高强度钢绞线，能承受很大拉力，因而使拉线塔能充分利用材料的强度特性，减少材料的耗用量。拉线塔质量小、价格便宜、安装方便，但是占地面积大。

与上面的几种塔相比，拉线塔不能独立站立，需要拉线的扶持，因此称为"非自立塔"；而角钢塔、三管塔和单管塔都属于"自立塔"。

5. 桅杆

桅杆是指装设天线的金属柱杆，又称屋顶塔，主要架设在城区的屋顶。因此桅杆自身不需要太高，所以都是一些

图2-10　拉线塔

简易的钢架，成本相对较低，安装比较简单，如图 2-11 所示。

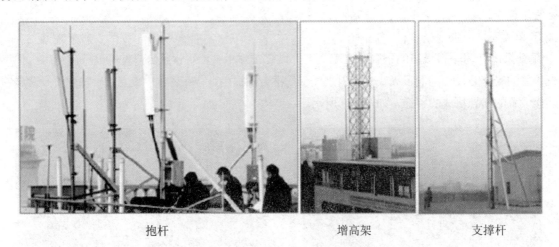

| 抱杆 | 增高架 | 支撑杆 |

图 2-11　抱杆、增高架与支撑杆

6. 景观塔

景观塔本质上是一种特殊的单管塔。形态上就是一个单管塔，上面除了藏有通信设备之外，还有路灯，甚至广告牌。这样一来，在原本的基站的属性上，达到了景观美化的作用。仿生树就是一种更为高级的单管塔，远看就是一棵苍翠挺拔的大树，通信设备在树叶子里面。因此可以直观地理解为"化妆"的单管塔。一般适用于风景区或者市区路边站等基站，如图 2-12、图 2-13 所示。

图 2-12　景观塔

图 2-13　美化树

7. 美化罩

美化罩本质上是一种特殊的抱杆。形态上就是内部为一个抱杆，外面罩上一个美化罩，美化罩可以为空调、方柱、水桶等样式，如图 2-14 ～图 2-16 所示。可以避免一些居民看到通信设备产生辐射恐慌，一般多用于市区各种环境。

5G 基站塔桅的设计应针对其特点，从实际出发，综合分析，合理地选用最优化的方案。在尽可能节省建设资金的基础上，建设外形美观、风格多样的移动通信塔。将移动通信塔同周围的环境结合起来，让人根本看不到塔桅或者让塔桅本身成为一种装饰物，是以后设计的发展方向。

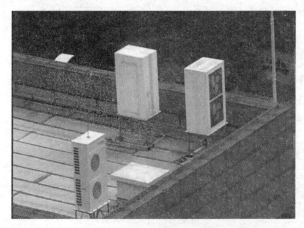

图 2-14　美化空调

图 2-15　美化方柱

图 2-16　美化水桶

2.1.4　电源及防护介绍

通信电源系统可以给通信设备供电，防护系统保护通信设备可以正常运行，它们是一起维持整个通信网络最关键的基础设施。随着我国通信产业的快速发展，通信站点大量增加，相关的通信设备的种类和数量也越来越多。电源及防护系统是整个移动通信设备的重要组成部分，被称为移动通信设备的"心脏"，如果电源供电中断，将会造成通信故障，引起各种问题。因此为了保障所有通信设备的稳定运行，通信电源及防护需要稳定可靠、持续安全地为通信设备供电，并且避免通信设备可能遇到的各种问题。

电源及防护系统一般包含交流供电系统、直流供电系统、动环监控系统、接地系统、防雷系统、机房空调，如图 2-17 所示。

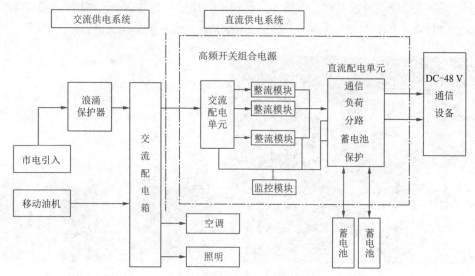

图 2-17　电源及防护系统示意图

市电电源供电通常为 220 V/380 V 交流电，机房内只有空调与照明系统可以直接使用，而很多通信设备需要使用 –48 V 直流电、–24 V 直流电等，因此需要电源系统进行转换。

1. 交流供电系统

交流供电系统一般由市电电源、移动油机、浪涌保护器、交流配电箱组成。

一般在市电正常的情况下，通信设备由市电进行供电，此时如果蓄电池电量未充满则会进行充电；如果市电停电、移动油机到站正常工作时，由移动油机对通信设备进行供电；在市电停电且移动油机未到站正常工作时，蓄电池对通信设备进行供电；市电恢复正常之后，继续由市电对通信设备进行供电。

（1）市电电源。市电一般采用高压电进行传输，根据公式 $P=UI$ 可知，在功率不变的情况下，降低电流可以减少电力传输过程中的损耗，此举既能提升效率，又能节省成本。由于高压电危险性极高，不适合通信机房使用，所以在使用前，必须先经过降压设备转换为低压电。

市电引入示意图如图 2-18 所示。首先由发电厂产生交流电，经过变压器转换为适合传输的高压电，输送至变电站，在变电站经过变压器转换为低压电，最后经过低压线路输送到通信机房。

（2）移动油机。移动油机指的是可移动的小型发电设备，使用油作为燃料，所以称为油机发电机，如图 2-19 所示。一般按使用的燃料可以分为柴油发电机、汽油发电机、燃气发电机、燃料电池发电机。

在市电电源出现故障时，油机发电机燃烧燃料为基站进行临时供电。

（3）浪涌保护器。浪涌保护器又称防雷器，是一种为各种电子设备、仪器仪表、通信线路提供安全防护的电子装置，如图 2-20 所示。当电气回路或者通信线路中因为外界的干扰突然产生尖峰电流或者电压时，浪涌保护器能在极短的时间内导通分流，从而避免浪涌对回路中其他设备的损害。

浪涌保护器适用于交流 50 Hz/60 Hz，额定电压 220 V/380 V 的供电系统中，对间接雷电和直接雷电影响或其他瞬时过电压的电涌进行保护，适用于家庭住宅、第三产业以及工业领域电涌保护的要求。

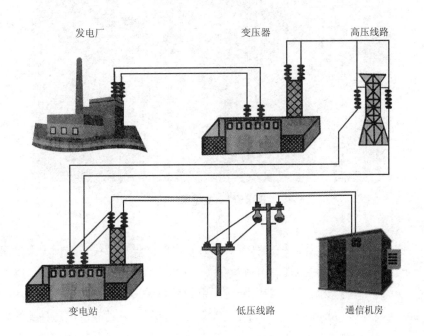

图 2-18　市电引入示意图

图 2-19　油机发电机

图 2-20　浪涌保护器

浪涌保护器一般位于市电引入与交流配电箱之间，出现意外情况时，保护通信设备不受影响。

（4）交流配电箱。交流配电箱是按照不同的地点、不同的用电设备和不同的用电量由电压表、电流表、开关（或自动开关）、熔断器、信号灯和线路等组成的分支开关控制分配箱，如图 2-21 所示。

交流配电箱具备两路电源转换（一路市电、一路移动油机），并为开关电源、空调、照明等交流用电设备提供交流供电回路的功能。

交流配电箱一般输入电源为 380 V/100 A，当所需市电引入容量小于 5 kV·A 时，可以引入单相 220 V 交流电源。机房内一般只有空调与照明系统，直接由交流配电箱供电。

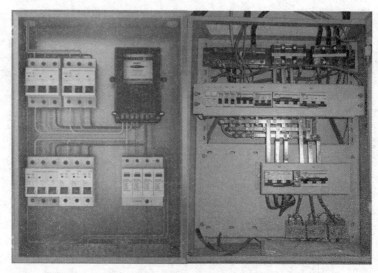

图 2-21　交流配电箱

2. 直流供电系统

直流供电系统是向通信局（站）提供直流（基础）电源的供电系统。根据国家信息部颁布的《通信局（站）电源系统总技术要求》的规定，-48 V 和 -24 V 为直流基础电源，其中 -48 V 为首选基础电源，-24 V 为过渡电源（将逐步淘汰）。在实际应用中如果必需 -24 V 或其他直流电压种类的电源，一般通过直流 - 直流变换器的方式将 -48 V 基础电源变换成 -24 V 或其他直流电压种类的电源。

直流供电系统由交流配电单元、整流模块、蓄电池组、监控单元和直流配电单元五个部分组成，如图 2-22 所示。除蓄电池组外，其他部分一般都包含在机房电源柜中。

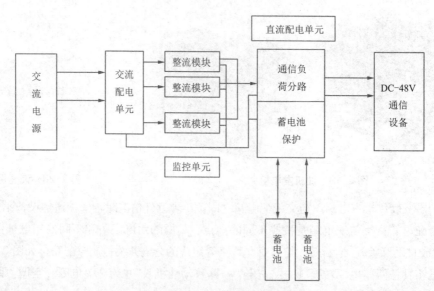

图 2-22　直流供电系统示意图

（1）交流配电单元。交流配电单元可以输入市电或油机电源，将交流电能分配给开关电源整流模块使用；交流配电单元内也配置浪涌保护器，作为基站电源系统的第二级防雷保护。

一般情况下，交流配电单元会配置两路交流电源输入，并且可以互锁及切换（自动、手动），分别为一路市电与一路油机或两路市电（一主一备），如图 2-23 所示。

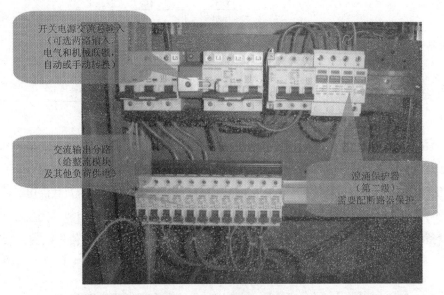

图 2-23　交流配电单元

（2）整流模块。整流模块用于将输入的交流电转换成直流电，其直流输出电压可以通过监控单元设置，通过自动或手动控制。一般情况下，基站有多个整流模块组织整流部分。

整流部分将输入的交流电转换成符合通信设备要求的直流电。通信设备要求有：输出的直流电压要稳定、输出的直流电压所含交流波纹小、输出电压应在一定范围内可以调节，以满足其后并联的蓄电池组充电电压的要求；同时，由于一个开关电源系统具有多个整流模块，所以多个整流模块有一个协调的问题，包括多个整流器模块工作时合理分配负载电流，其中某个整流模块出现输出高压时该模块能正常退出而不影响其他模块的工作。

整流模块一般有以下几种功能电路，具体工作流程如图 2-24 所示。

① 输入滤波（EMI）、软启动及输入保护电路。

② 整流及功率因数校正电路。

③ DC/DC 变换电路。

④ 输出滤波电路（输出 EMI）。

⑤ 控制及保护电路。

⑥ 辅助电源。

⑦ 其他电路。

（3）蓄电池组。蓄电池是一种储存电能的设备。它能将充电时得到的电能转变为化学能保存起来，需要电能时又能及时将化学能变为电能释放出来，供用电设备使用。这种转换可以反复循环多次。多个蓄电池组合在一起构成蓄电池组。

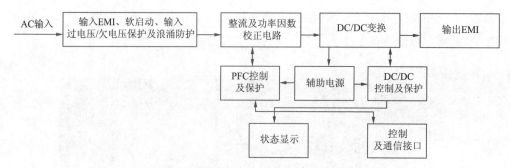

图 2-24　整流模块工作流程示意图

5G 站点直流供电系统采用整流器和蓄电池组并联供电的方式，可以提高站点的供电可靠性。当交流供电（市电或移动油机）正常输入时，整流器输出的直流电给通信设备供电的同时，也可以给蓄电池组充电。当交流供电（市电与移动油机）输入完全中断时，由蓄电池组放电给负载供电。

我国大部分地区处于 7 烈度以上的抗震设防区，在地震发生时，蓄电池组极易因安放不当而损坏，从而给这些设备的安全正常运行留下了极大的隐患。所以，蓄电池组安装要使用抗震铁架，如图 2-25 所示。

抗震铁架

图 2-25　蓄电池组与抗震铁架

（4）监控单元。监控单元是整个通信电源系统的"总指挥"，主要实现以下功能：实时监控系统工作状态、采集和存储系统运行参数、保存相关参数、协调各个模块正常工作、控制系统的运行，如图 2-26 所示。

从监控对象的角度将监控单元分为交流配电单元监控单元、整流模块监控单元、蓄电池组监控单元、直流配电单元监控单元、自诊断单元和通信单元。下面简单介绍并分析各功能单元完成的具体功能。

① 交流配电单元监控单元。检测三相交流输入电压值（电压高低、有无缺相、停电）、频率值、电流值以及防雷器是否保护损坏等情况。

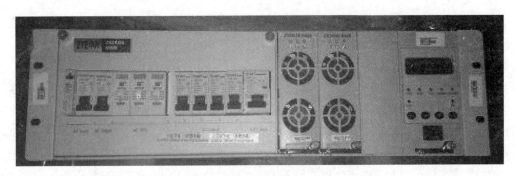

图 2-26　监控单元

② 整流模块监控单元。监测整流模块的输出直流电压、各模块电流及总输出电流，各模块开关机状态、故障与否、浮充或均充状态以及限流与否。控制整流模块的开关机、浮充或均充。显示相关信息以及记录事件发生的详细信息。

③ 蓄电池组监控单元。检测蓄电池组总电压、充电电流或放电电流、放电时间及放电容量、电池温度等信息。控制蓄电池组脱离保护和复位恢复（根据设定的脱离保护电压和恢复电压）以及蓄电池组均充周期的控制、均充时间的控制和蓄电池温度补偿的控制等。

④ 直流配电单元监控单元。监测系统总输出电压、总输出电流、各负载分路电流以及各负载分路熔丝和开关情况。

⑤ 自诊断单元。监测监控单元本身各部件和功能单元工作情况。

⑥ 通信单元。设置与远端计算机连接的通信参数（包括通信速率、端口地址），负责与远端计算机的实时通信。

（5）直流配电单元。直流配电单元的主要功能有：蓄电池组接入、上 / 下电控制、负载配电、蓄电池组电流检测、负载电流检测、电池电压与母排电压检测、负载配电空开或熔丝状态检测、蓄电池组接入空开或熔丝状态检测、直流防雷，如图 2-27 所示。根据不同的应用场景，有的功能不需要。直流配电单元应具备二次下电功能，确保传输、监控等重要设备的用电。

图 2-27　直流配电单元

二次下电：电池放电情况下，当电池电压下降到一定值时（比终止电压高），切断部分次要负载，保留对主要负载供电；当电池电压下降到终止电压时，切断所有负载，实现对蓄电池的保护。

3. 动环监控系统

（1）基本概述。动环监控系统全称为通信站点电源、空调及环境集中监控管理系统，又称动力环境集中监控系统。用于对通信站点的电源系统、空调、环境进行远程集中监控，达到无人值守的目的。

2019 年 6 月 6 日，国家发布了 5G 牌照之后，5G 网络快速发展，网络规模不断扩大，5G 站点数量也越来越多，再加上原有的其他制式网络的站点数量，单纯依靠传统的人工巡检及维护方式无法满足高质量维护的需求，因此更加促进了动环监控系统的发展。目前动环监控系统已经成为运营商设备维护不可或缺的一部分，除了可以实现对设备基本运行情况、相关参数及告警的检测，还可以通过涉及的大量数据对设备进行全面管理。

（2）基本功能。动环监控系统的基本功能主要有：

① 实时监控：实时监控电源、空调等设备的运行状态，以及各类环境情况，比如烟雾、火警、温度、湿度、防盗等信息，并且可以呈现在后台界面中，供相关人员查看。

② 数据采集：根据制订的数据采集计划（采集周期、采集内容）采集相关设备的各项数据，并且可以对数据进行查询统计、追踪分析以及管理操作。

③ 故障管理：数据采集后，通过分析和处理，判断监控站点的故障和告警情况，通知相关的值班维护人员进行处理，并且可以跟进处理进展以及恢复情况。

④ 设备控制：可以远程控制调节站点设备，为了实现一些可以改变设备运行状态或相关参数的方法。

⑤ 配置管理：配置监控站点、设备及相关参数，已经存储内容、告警内容、级别、门限等。

⑥ 安全管理：用于预防站点发生水灾、火灾、被盗等安全事故，可为不同用户提供不同权限，防止出现误操作配置情况。

（3）基本要求。具体如下：

① 不能影响被监控设备：动环监控系统运行不能对系统本身和被监控设备造成影响，不能影响监控设备的正常工作，也不能改变被监控设备内部逻辑和功能，当动环监控系统出现局部故障时，不影响整个系统和被监控设备的正常运行。

② 具有自我诊断和自我恢复能力：当系统发生故障时，能够自我诊断各个模块的故障情况，优先选择自恢复，如果无法自恢复，则发出相应的告警提示，相关人员接收到告警信息，从而及时处理动环监控系统自身的故障。

③ 防雷要求：动环监控系统应满足一定的防雷要求，具体情况见表 2-1。

表 2-1　动环监控系统防雷要求

试验端口	通用模拟输入、数字输入/输出端口	直流电源端口	交流电源端口	串口	视频	网口
冲击电流 8/20 μs	差模 2 kA	差模 5 kA	差模 2 kA	差模 2 kA	差模 2 kA	差模 2 kA（一次）
正负极各五次	共模 3 kA	共模 5 kA	共模 3 kA	共模 3 kA	共模 3 kA	共模 3 kA（一次）

④ 电磁兼容性要求：监控对象可能处于电磁环境下，动环监控系统应具有良好的电磁兼容性，在此环境下能正常工作，并且满足国家相关标准。

⑤ 电气可靠性要求：动环监控系统硬件应与监控对象保持良好的电气隔离性，以便减少相互间的干扰，不能因动环监控系统而降低对监控对象的电气隔离度。

⑥ 接地要求：动环监控系统硬件应可靠接地，并具有抵抗和消除噪声干扰的能力。

⑦ 扩展性要求：随着 5G 网络的快速建设，5G 站点数量也会不断增加，因此动环监控系统应具有可扩展的能力，可以根据现场实际情况增加监控站点和监控对象。

⑧ 环境要求：动环监控系统硬件设备安装固定方式具有防震和抗震能力，并且能保证在运输及存储过程中和安装后不产生破损。另外，动环监控系统硬件设备还要能适应安装现场的温度、湿度及海拔等要求，并且有可靠的抗雷击和过电压、过电流保护装置。

（4）系统架构。动环监控系统一般为树形结构，主要由四个部分组成：省监控中心、地区监控中心，区域监控中心，监控单元。具体情况如图 2-28 所示。

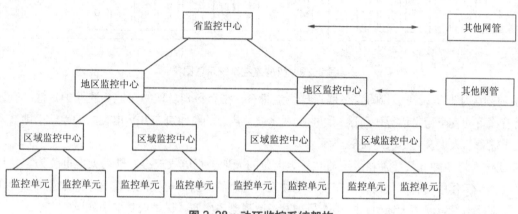

图 2-28　动环监控系统架构

① 省监控中心：省、自治区、直辖市或者同等级别的网管中心，一般位于省会、首府城市或直辖市内，可以监控整个省、自治区、直辖市内的通信站点，对下辖所有机房设备进行统一管理和监控，收集相关参数告警数据。

② 地区监控中心：本地网或者同等管理级别的网管中心，一般位于地级市、州，可以监控整个地级市的通信站点，对下辖所有机房设备进行统一管理和监控，收集相关参数告警数据，并且可以接收省监控中心下发的指令。

③ 区域监控中心：区域监控中心一般位于地级市的某个区县，可以监控本区域内的通信站点，对下辖所有机房设备进行统一管理和监控，收集相关参数告警数据，同时可以接收地区监控中心下发的命令。

④ 监控单元：一般位于通信站点内。监控范围一般为一个独立的通信站点或大型站内相对独立的电源、空调及环境。采集被监控设备的运行情况及相关参数。

5G 站点监控一般分为一体式和主从式，一体式是指一个站点独立为一个监控单元，只负责监控本站点内的设备；主从式只指选择一个站点为主监控机房，其下挂其他站点为其从属监控机房，主从统一为一个监控单元，监控主从站点机房内所有设备。具体情况如图 2-29 所示。

4. 接地系统

使用电气设备时都需要取某一点的电位作为参考电位。由于大地具有导电性，且具有无限大的容电量，在吸收大量电荷之后可以保持电位不变。另外，人在日常生活中也离不开大地，因此一般以大地的电位为零电位并取之为参考电位，为此需与大地作电气连接以取得大地电位，这就是接地。

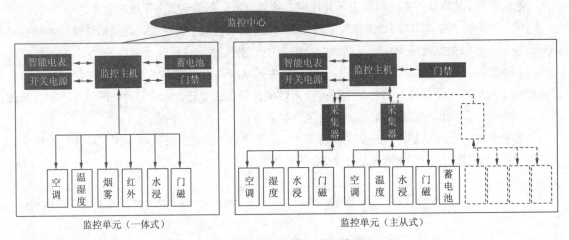

图 2-29　机房监控系统示意图

接地系统是通信设备运行的安全屏障与稳定基石，没有科学合理的接地系统保护，就没有通信站点中所有设备的安全稳定运行，而这一切的实现，就是依靠始终钳制在 0 V 电位的大地，接地技术就是实现电子设备与大地良好电气连接的技术。

接地技术将各种电气装置和系统与 0 V 等电位的大地进行电气连接，借助大地电位为零并且保持不变的特性，工作中可将电气设备外壳及可能被人员触碰的裸露部位接地，在这些部位意外发生带电事故时，迅速将电荷宣泄到大地中，防止人员和设备遭到电击伤害，保护人身安全和设备安全。

一个完整的通信站点的接地系统由地网子系统和地线子系统组成，其中地网子系统由大地土壤、接地体（接地网）和连接线组成；地线子系统由接地引入线、各级接地汇集线（接地排），各级设备接地线组成。

设备接应路径为：设备接地端子—各级接地线—各级接地汇集线（接地排）—接地引入线—接地体（接地网）—大地。具体情况如图 2-30 所示。

与土壤接触并提供电气连接的导体称为接地体，接地体一般分为水平接地体和垂直接地体，多根接地体在地下相互连通构成接地网，为电子电气设备或金属结构提供基准电位和对地泄放电流的通道。

通信站点应围绕机房建筑物散水点外围，埋设接地体构成环形接地网，将环形接地网与建筑物基础地网以及地下其他金属构件多点焊接连通，从而构成机房地网。可获得降低的接地阻抗及良好的等电位参考性能。

通信站点的接地网一般应满足如下要求：

（1）足够的金属与大地之间的接触面积。

（2）恰当的深度。

（3）耐腐蚀的表面处理。

（4）垂直连接地之间要有适当间距。

（5）联合接地。

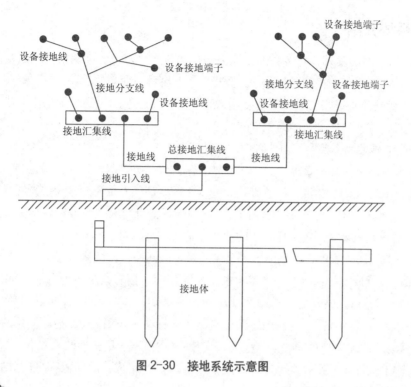

图 2-30　接地系统示意图

5. 防雷系统

雷电是一种大气放电现象，在短时间内释放大量电能，可以对建筑物、人身及通信设备产生伤害，为了保证通信站点的设备安全运行，必须对雷电的发生及雷击的防护做好防范措施，阻止雷电对通信设备产生危害。

防避雷击通常都是采用接闪针（避雷针）、接闪带（避雷带）、接闪线（避雷线）、接闪网（避雷网）或金属物件作为接闪器，将雷电电流接收下来，并通过引下线等金属导体导引至埋在大地起散流作用的接地装置再散入大地。通信站点的综合防雷系统框图如图 2-31 所示。

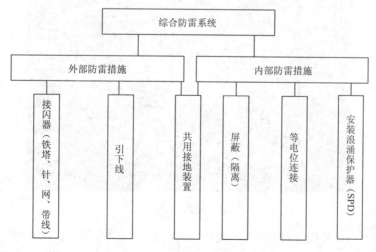

图 2-31　通信站点的综合防雷系统框图

2.1.5　传输系统介绍

传输是整个通信网的基础，是各种通信业务的公共传送平台，各种网络业务的发展都需要传输同步甚至超前发展。随着近年来移动通信业务、数据业务、各种新业务的快速发展，对传输的需求也迅速增长，5G 网络不仅对传输链路的带宽需求量增大，而且基站数量的大量增加也使得基站传输变得越来越重要了，安全可靠的基站传输是网络质量的保证。

5G 承载网络的转发面主要实现前传和中回传的承载。

5G 前传技术方案包括光纤直连、无源 WDM、有源 WDM/OTN、切片分组网络（SPN）等。考虑到基站密度的增加和潜在的多频点组网方案，光纤直驱需要消耗大量光纤，某些光纤资源紧张的地区难以满足光纤需求，需要设备承载方案作为补充。5G 前传目前可选的技术方案各具优缺点，具体部署需根据运营商网络需求和未来规划等选择合适的承载方案。

5G 中回传承载网络方案的核心功能要满足多层级承载网络、灵活化连接调度、层次化网络切片、4G/5G 混合承载以及低成本高速组网等承载需求，支持 L0~L3 层的综合传送能力，可通过 L0 层波长、L1 层 TDM 通道、L2 和 L3 层分组隧道来实现层次化网络切片。对于 5G 中回传技术方案，为更好适应 5G 和专线等业务综合承载需求，我国运营商提出了多种 5G 承载技术方案，主要包括切片分组网络（SPN）、面向移动承载优化的 OTN（M-OTN）、IP RAN 增强 + 光层三种技术方案。

5G 基站传输系统目前一般由 ODF（光纤配线架）和 SPN 组成，后期随着 5G 基站大量建设，光缆资源紧张，基站也会大量使用 OTN 设备。

1. SPN

SPN（Slicing Packet Network，切片分组网），是在承载 3G/4G 回传的分组传送网络（PTN）技术基础上，面向 5G 各种业务承载需求，融合创新提出的新一代切片分组网络技术方案，如图 2-32 所示。

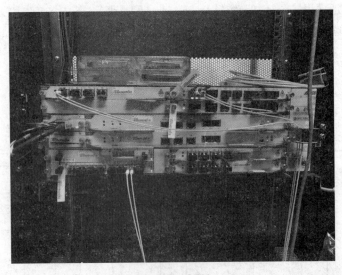

图 2-32　SPN

SPN 基站前传、中传和回传都有应用，通过 FlexE 接口和切片以太网（Slicing Ethernet，SE）通道支持端到端网络硬切片，并下沉 L3 功能至汇聚层甚至综合业务接入节点来满足动态灵活连接需求；在接入层引入 50GE，在核心和汇聚层根据带宽需求引入 100 Gbit/s、200 Gbit/s 和 400 Gbit/s 彩光方案。对于 5G 前传，在接入光纤丰富的区域主要采用光纤直驱方案，在接入光纤缺乏且建设难度高的区域，拟采用低成本的 SPN 前传设备承载。以 5G 前传中的 SPN 组网架构为例，如图 2-33 所示。

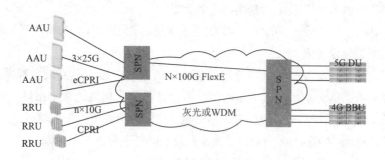

图 2-33　SPN 在 5G 前传中的应用示意图

5G 的 eMBB、uRLLC 和 mMTC 三大应用场景对承载网络提出了大带宽、低时延、大连接、网络切片、高精度时间同步等一系列的挑战，为满足 5G 网络的变革性需求，便有了基于 PTN 演进的 SPN 技术路线。SPN 新传输平面技术具备的特点：第一，面向 PTN 演进升级、互通及 4G 与 5G 业务互操作，需前向兼容现网 PTN 功能；第二，面向大带宽和灵活转发需求，需进行多层资源协同，需同时融合 L0～L3 能力；而针对超低时延及垂直行业，需支持软、硬隔离切片，需融合 TDM 和分组交换。

SPN 架构融合了 L0～L3 多层功能，设备形态为光电一体的融合设备，通过 SDN 架构能够实现城域内多业务承载需求。其中，L2、L3 分组层保证网络灵活连接能力，灵活支持 MPLS-TP、SR 等分组转发机制；L1 通道层实现轻量级 TDM 交叉，支持基于 66 B 定长块 TDM 交换，提供分组网络硬切片；L0 传送层实现光接口以太网化，接入 PAM4 灰光模块，核心汇聚相关的以太网彩光 DWDM 组网。

前传中，光纤直驱为主，需要大芯数光纤，可采用单纤双向连接方式，减少前传、回传接入层面光纤消耗，同时保持时间同步高性能传递，并关注 25GE BIDI 模块；中/回传（小城市）中可采用端到端灰光以太组网，基于 50GE PAM4×N；中/回传（大、中型城市）中业务密集，建议接入以太灰光，汇聚/核心 DWDM 彩光组网。同时，在传送层，FlexE 与 DWDM 融合能够实现带宽的灵活扩展和分割。

在通道层，可引入轻量级的 TDM 融合交换架构，将分组交换与 TDM 巧妙融合一体，封装上不用引入新的封装结构，向下兼容原生以太网模块产业链，向上兼容 IP 层所有协议栈；采用统一信元交叉单元，实现分组与 TDM 共享交换空间，硬件上不用额外的交换容量。

在分组层，在 SR-TE 隧道技术上，增加面向连接的 Path Segment，引入双向隧道功能和端到端保护功能，兼容 MPLS-TP OAM 机制有利于提升网络的运维效率，将 SR 改造成向电信级传输的源路由隧道技术。

在管控面上，以"管控一体，集中为主，分布为辅"为设计思路，引入 SDN。SPN 除继承 PTN 运维和电信级保护优势外，通过 SDN 集中控制面增强业务动态能力。在中传和回传中，可采用同一张网统一承载中传和回传，满足不同 RAN 侧网元组合需要；通过 FlexE 通道支持端到端网络硬切片；下沉 L3 功能至汇聚层甚至接入层；接入层引入 50GE，核心汇聚层可引入 100G/200G 彩光方案。而在前传中，对于接入光纤丰富的区域，采用光纤直驱的方案承载；而对于接入光纤缺乏，建设难度高的区域，可采用前传 SPN 彩光方案承载。FlexE 作为 SPN 的一大技术，其优点有如下三点：

1) 设备架构不变，实现带宽任意扩展

FlexE 技术的一大特点就是实现业务带宽需求与物理接口带宽解耦合。通过标准的 25GE/100GE 速率接口，通过端口捆绑和时隙交叉技术轻松实现业务宽带。

25G → 50G → 100G → 200G → 400G → xT 的逐步演进，利用 100GE 接口实现 400G 大带宽。

2) 设备级超低时延转发技术

传统分组设备对于客户业务报文采用逐跳转发策略，网络中每个节点设备都需要对数据包进行 MAC 层和 MPLS 层解析，这种解析耗费大量时间，单设备转发时延高达数十微秒。FlexE 技术通过时隙交叉技术实现基于物理层的用户业务流转发，用户报文在网络中间节点无须解析，业务流转发过程近乎实时完成，实现单跳设备转发时延小于 1μs，为承载超低时延业务奠定了基础。

3) 任意子速率分片，物理隔离，实现端到端硬管道

FlexE 技术不仅可以实现大带宽扩展，同时可以实现高速率接口精细化划分，实现不同低速率业务在不同的时隙中传输，相互之间物理隔离。

2. ODF

光纤配线架（Optical Distribution Frame，ODF）用于光纤通信系统中局端主干光缆的成端和分配，是光传输系统中的一个重要配套设备，如图 2-34 所示。ODF 用于光缆终端光纤熔接、光连接器的调节、多余尾纤的存储及光缆保护等功能，可以对光纤线路进行连接、分配和调度，它对于光纤通信网络安全运行和灵活运用有重要的作用。

3. OTN

OTN 通常也称为 OTH（Optical Transport Hierarchy），是 G.872、G.709、G.798 等一系列 ITU-T 的建议所规范的新一代光传送体系，如图 2-35 所示。OTN 综合了 SDH 的优点和 DWDM 的带宽可扩展性，集传送和交换能力于一体，是承载宽带 IP 业务的理想平台，代表了下一代传送网的发展方向。

图 2-34　ODF

图 2-35　OTN

从电域看，OTN 保留了许多 SDH 的优点，如多业务适配、分级复用和疏导、管理监视、故障定位、保护倒换等。同时 OTN 扩展了新的能力和领域，例如提供大颗粒的 2.5G、10G、40G 业务的透明传送，

支持带外 FEC，支持对多层、多域网络进行级联监视等。

从光域看，OTN 将光域划分成 Och（光信道层）、OMS（光复用段层）、OTS（光传送段层）三个子层，允许在波长层面管理网络并支持光层提供的 OAM（运行、管理、维护）功能。为了管理跨多层的光网络，OTN 提供了带内和带外两层控制管理开销。

OTN 的优势主要体现在以下几方面：

1）从静态的点到点 WDM 演进成动态的光调度设备

SDH 之所以能被广泛应用，主要在于它具备大颗粒业务交换能力（如 E1 或 VC4），具有比电话交换机更经济、更易管理的大管道端到端提供能力，大大减少了交换机端口的需求，降低了全网建设成本。如果 WDM 具备类似 SDH 的波长 / 子波长调度能力，并组建一张端到端的 WDM 承载网络，就可以实现 GE、10GE、40GE 等大颗粒业务端到端快速提供，缩短业务开通时间，减少路由器端口的压力。

OTN 能提供基于电层的子波长交叉调度和基于光层的波长交叉调度，提供强大的业务疏导调度能力。在电层上，OTN 交换技术以 2.5G 或 10G 为颗粒，在电层上完成子波长业务调度。采用 OTN 交换技术的新一代 WDM 只在传统 WDM 上增加一个交换单元，增加的成本极少。在光层上，以 ROADM 实现波长业务的调度，ROADM 技术的出现使得 WDM 能以非常低廉的成本（无 OEO 转换）完成超大容量的光波长交换。

基于子波长和波长的多层面调度，将使 WDM 网络实现更加精细的带宽管理，提高调度效率及网络带宽利用率，满足客户不同容量的带宽需求，增强网络带宽运营能力。

2）提供快速、可靠的大颗粒业务保护能力

电信级业务需要达到 50 ms 的保护倒换时间。在 IP+WDM 网络中，路由器逻辑路由一般呈 Full Mesh 状分布，而光纤物理路径则一般呈环状或简单的 Mesh 状，一条物理路径中断可能引起大量 IP 逻辑路由中断，导致路由器 FRR 保护恢复时间变长，远远超过 50 ms。传统电信级 IP 网中引入 SDH 层面，一个重要原因就是为了提供 50 ms 的保护恢复时间。

基于 OTN 交换的 WDM 设备可以实现波长或子波长的快速保护，如 1+1、1:1、1:N、Mesh 保护，满足 50 ms 的保护倒换时间。

3）多业务透明传送、高效的业务复用封装

路由器利用 POS 端口的 SDH 开销（Overhead）字节，快速准确地检测线路传输质量，故障后可以快速启动保护倒换。然而，一个 POS 端口成本是 LAN 端口的 2 倍以上，路由器直接出 LAN 端口可以大大降低网络建设成本。通过提供 G.709 的 OTN 接口，WDM 传送 LAN 信号时叠加类似 SDH 的开销字节，代替了路由器 POS 端口的开销字节功能，消除了路由器提供 POS 端口的必要性。此外，OTN 提供了任意业务的疏导功能，使 IP 网络配置更灵活，业务传送更可靠。OTN 能接 IP、SAN、视频、SDH 等业务，并可实现业务的透明传送。

4）良好的运维管理能力

OTN 定义了丰富的开销字节，使 WDM 具备同 SDH 一样的运维管理能力。其中多层嵌套的串联连接监视（TCM）功能，可以实现嵌套、级联等复杂网络的监控。

5）支持控制面的加载

OTN 支持 GMPLS 控制面的加载，从而构成基于 OTN 的 ASON 网络。基于 SDH 的 ASON 网络与基于 OTN 的 ASON 网络采用同一控制面，可实现端到端、多层次的智能光网络。

由以上可以看出，OTN 在具有传统 WDM 功能特性的前提下，还支持上下业务、分组等功能，OTN 支持 L3 协议的原则是按需选用，并尽量采用已有的标准协议，包括 OSPF、IS-IS、MPBGP、L3 VPN、BFD 等。前传以光纤直驱方式为主（含单纤双向），当光缆纤芯容量不足时，可采用城域接入型 WDM 系统方案（G.metro）。图 2-36 为 OTN 在 5G 前传方案中的应用示意图。

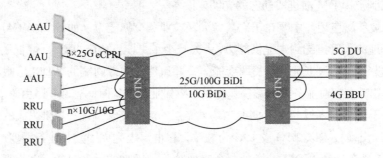

图 2-36　OTN 在 5G 前传方案中的应用示意图

2.1.6　基站主设备及天馈介绍

5G 基站主设备及天馈是 5G 基站设备的主体，通过空口与用户终端进行直接连接。5G 基站主设备一般分为基带系统及射频天馈系统，在 4G 主设备的基础功能上增加了天馈设备，并且可以支持 CUDU 分离与合设、网络切片等新功能。

5G 基带系统为 BBU，5G 射频天馈系统包含 RRU、AAU、GPS 天线、RHUB、pRRU。可以根据建站的具体需求进行主设备选择。

1. BBU

BBU（Base Band Unit，基带处理单元），提供基带板、交换板、主控板、环境监控板、电源板的槽位，通过板件完成系统的资源管理、操作维护和环境监控功能，接收和发送基带数据，实现天馈系统和核心网的信息交互，如图 2-37 所示。基站建设时，可以根据建设需求进行 BBU 的板卡选用配置，5G BBU 可以在支持 5G 基带功能的同时支持 GSM、UMTS、LTE 的基带功能。

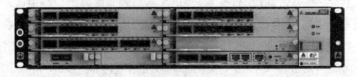

图 2-37　BBU

2. RRU

RRU（Remote Radio Unit，射频拉远单元），分为四大模块：中频模块、收发信机模块、功放模块和滤波模块，如图 2-38 所示。

下行覆盖中，基带光信号通过光纤传输至 RRU，在中频模块中先光电转换和解 CPRI 帧得到基带 I/Q 数字信号，接着进行数字上变频、A/D 转换，变成中频模拟信号；在收发信机模块完成中频信号到射频信号的转换，最后在功放和滤波模块中经过射频滤波、线性放大器后，将射频信号通过馈线传至天线发射出去。

上行覆盖中，天线将接收到的移动终端上行信号送至 RRU，在滤波和功放模块进行滤波、放大低噪声、进一步的射频小信号放大滤波，在收发信机模块将射频信号转换为中频信号，接着在中频模块完成数字下变频、A/D 转换，得到基带 I/Q 数字信号，最后通过 CPRI 协议组帧和光电转换变成光信号传输至 BBU。

3. AAU

AAU（Active Antenna Unit，有源天线单元）是集成了天线、中频、射频及部分基带功能为一体的设备，内置大量天线振子划分单元组，实现 5G Massive MIMO 和波束赋形功能，基本相当于天线和 RRU 的集合体，减少了 RRU 和天线之间馈线的损耗，直接收发信号与 BBU 进行信息交互，如图 2-39 所示。

图 2-38 RRU   图 2-39 AAU

4. GPS 天线

GPS（Global Positioning System，全球定位系统），通过捕获到卫星截止角选择待测卫星，并跟踪卫星运行获取卫星信号，测量计算出天线所在地理位置的经纬度、高度等信息，如图 2-40 所示。GPS 一般通过馈线与 BBU 连接，由于 GPS 一般安装在室外，所以 GPS 与 BBU 之间连接需要安装避雷器。

5. RHUB

RHUB（RRU HUB，射频远端 CPRI 数据汇聚单元），如图 2-41 所示，内置 PoE 供电电路为 pRRU 供电，下行接收 BBU 发送的基带光信号，通过光模块转换为基带 I/Q 数字信号，再通过以太网线转发给 pRRU，上行信号也是通过同样的路径把信号传送到 BBU。RHUB 一般多用于 5G 室内分布系统，是 5G 数字化室分的重要组成部分。

图 2-40 GPS   图 2-41 RHUB

6. pRRU

pRRU（pico Remote Radio Unit，微小射频拉远单元），如图 2-42 所示，下行方向，将基带信号进行上变频、A/D 转换调制成射频信号，经滤波放大后通过天线发射；上行方向，从天线接收移动终端射频信号，经滤波放大后，将射频信号进行 A/D 转换、下变频形成数字信号，通过以太网线传输至 RHUB。pRRU 也支持内置天线。pRRU 一般多用于 5G 室内分布系统，是 5G 数字化室分的重要组成部分。

图 2-42　pRRU

2.1.7　线缆介绍

站点内常用线缆一般有电源线、接地线、光纤、馈线、网线；5G 站点新增使用光电复合缆与六类网线。

1. 电源线

电源线是用来传输电流的线缆，如图 2-43 所示。一般按照用途可以分为 AC 电源线与 DC 电源线。通常 AC 电源线用来传输交流电，所以又称 AC 交流电源线，由于交流电的特性，一般电压较高，所以 AC 电源线质量要求较高，成本也高；而 DC 电源线用来传输直流电，所以又称 DC 直流电源线，由于直流电的特性，一般电压较低，所以 DC 电源线质量要求一般，成本也不高。但是，为了安全起见，国家对于两种电源线都有统一的标准。

电源线的主要结构包含外护套、内护套、填充层、传输导体，如图 2-44 所示。

图 2-43　电源线

传输导体

外护套

内护套　填充层

图 2-44　电源线横截面结构

（1）外护套又称保护护套，是电源线最外层，起着保护电源线的作用。外护套有耐高温、耐低温、抗自然光线干扰、绕度性能好、使用寿命长、材料环保等特性。

（2）内护套又称绝缘护套，是电源线的中间结构部分，绝缘护套的作用顾名思义就是绝缘，保证电源线的通电安全，防止漏电。绝缘护套的材料要柔软，保证能很好地镶在中间层。

（3）填充层是包裹电源线内的一层填充材料，由于绝大多数的导体截面积都是圆形的，因此必须借由填充材料的填塞，构成紧密扎实的支撑，以避免线材在曲折时造成压扁的现象。常见的填充材料有棉线、PE 绳或 PVC 条等。

（4）传输导体是电源线的核心部分，一般常见的有铜丝、铝丝等金属丝。传输导体是电流和电压的载体，传输导体的密度、数量、柔韧度直接影响电源线的质量。

电源线选用时，首先考虑需要传输的电流属于直流电还是交流电，选择 AC 或者 DC 电源线。其次根据电流选择合适的线径。

一般情况下，除了 pRRU 之外，站点所有需要通电工作的设备都需要使用电源线连接。

2. 接地线

接地线就是设备连接接地系统的线，又称安全回路线。接地线从本质上来说也是电源线，只是用于接地，如图 2-45 所示。接地线一般连接在设备外壳等部位，及时将因各种原因产生的不安全的电荷或者漏电电流导出。根据国家规定，接地线线缆一般呈黄绿色，线缆规格一般要大于 25 mm²。

接地线一般由外层与线内导体构成，外层为 PVC 绝缘材料，线内导体为铜，安装时一般需要连接铜鼻子固定。

一般情况下，除 pRRU 设备浮地不需要接地之外，站点所有电气相关设备都需要使用接地线连接至接地系统，以保护设备安全稳定运行。

3. 光纤

光纤全称光导纤维，如图 2-46 所示。由于光的特性，光纤传导性能良好，传输信息量大，传输速率快，非常适合用来传输数据。

图 2-45　接地线

图 2-46　光纤

光纤的用途与材质是多种多样的，通信中所用的光纤一般是石英光纤。石英的化学名称是二氧化硅（SiO_2），和一般建筑使用的沙子的主要成分相同，所以成本非常低。

光纤简单可以分为单模光纤与多模光纤，以前单模光纤多用于中长距离传输，多模光纤用于短距离传输。近年来，由于多模光纤衰减损耗相对较高，基本已经淘汰，5G 站点使用光纤全部都为单模光纤。

光纤接头又称光纤连接器，一般有 LC、ST、FC、SC 几种常见类型，如图 2-47 所示。

LC 型光纤连接器：连接 SFP 模块的连接器，它采用操作方便的模块化插孔（RJ）闪锁机理制成。一般用于 BBU 与 AAU、SPN 之间连接。

ST 型光纤连接器：常用于光纤配线架，外壳呈圆形，紧固方式为螺丝扣。常用于光纤配线架。

FC 型光纤连接器：外部加强方式采用金属套，紧固方式为螺丝扣。一般在 ODF 侧采用。

SC 型光纤连接器：连接 GBIC 光模块的连接器，外壳呈矩形，紧固方式是采用插拔销闩式，不需要旋转。一般用于路由器交换机。

4. 馈线

馈线又称射频同轴电缆，用作室内分布系统中射频信号的传输。一般来说，射频同轴电缆工作频率范围在 100~5 000 MHz 之间。常用的射频同轴电缆如编织外导体射频同轴电缆，如图 2-48 所示，其特点是比较柔软，可以有较大的弯折度，适合室内的穿插走线，具体规格有 8D 和 10D 等。

另外,还有皱纹铜管外导体射频同轴电缆,常用型号是 (1/2) in (1 in=2.54 cm) 和 (7/8) in 等型号,如图 2-49 所示,其特点是硬度较大,对信号的衰减较小,屏蔽性比较好,多用于信号源的传输。

图 2-48　编织外导体射频同轴电缆

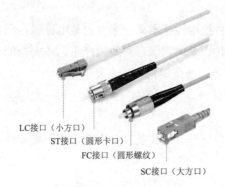

LC接口(小方口)
ST接口(圆形卡口)
FC接口(圆形螺纹)
SC接口(大方口)

图 2-47　光纤接头

图 2-49　皱纹铜管外导体馈线

馈线技术指标见表 2-2。

表 2-2　馈线技术指标

产品类型	(7/8) in 馈线	(1/2) in 馈线	(1/2) in 软馈线	10D 馈线	8D 馈线
馈线结构					
内导体外径 / mm	9.0±0.1	4.8±0.1	3.6±0.1	3.5±0.05	2.8±0.05
外导体外径 / mm	25.0±0.2	13.7±0.1	12.2±0.1	11.0±0.2	8.8±0.2
绝缘套外径 / mm	28.0±0.2	16.0±0.1	13.5±0.1	13.0±0.2	10.4±0.2
护管外标识	制造厂商标志,型号或类型,制造日期,长度标志				
机械性能					
一次最小弯曲半径 / mm	120	70	30	—	—
二次最小弯曲半径 / mm	360	210	40	—	—
最大拉伸力 / N	1 400	1 100	700	600	600
电气性能(+20℃ 时)					
特性阻抗 / Ω	50±1				
最大损耗 (dB/100 m,900 MHz)	3.9	6.9	11.2	11.5	14
最大损耗 (dB/100 m,1 900 MHz)	6	11	16	17.7	22.2
最大损耗 (dB/100 m,2 450 MHz)	6.9	12.1	20	—	—
互调产物	< −140 dBc				
工作温度 /℃	−25 ~ +55				

为减小馈线传输损耗,一般情况下主干馈线可选用 (7/8) in 馈线,水平层馈线宜选用 (1/2) in 馈线。GPS 天线与 BBU 连接一般也使用馈线。

从 LTE 开始，RRU 可以外挂于室外，室外站直接使用（1/2）in 馈线连接 RRU 与天线即可，不需要使用（7/8）in 馈线；室分站点主干馈线可选用（7/8）in 馈线，水平层馈线宜选用（1/2）in 馈线。

5GNR 网络下，由于 AAU 面世，大部分情况下，室外站点可以直接使用光纤连接 BBU 与 AAU 即可，基本不需要使用馈线；室分站点由于覆盖区域比较复杂，如果建设传统室分系统，主干馈线可选用（7/8）in 馈线，水平层馈线宜选用（1/2）in 馈线；如果建设数字化室分系统，除电梯井等特殊情况，需要使用（1/2）in 馈线将 pRRU 外接天线，其他都不需要使用馈线。

5. 网线

网线一般由金属或玻璃制成，它可以用来在网络内传递信息。网线一般连接时需要通过 RJ-45 水晶头，如图 2-50 所示。

5GNR 站点机房一般需要使用普通网线与超六类网线，普通网线在站点机房中一般用来传输监控告警信息；超六类网线可以用来连接 RHUB 与 pRRU，主要是由于 5G 网络的传输速率要求比较高，普通的超五类网线已经无法满足 5G 业务的需求，并且 pRRU 需要通过与 RHUB 相连的线缆进行供电。

6. 光电复合缆

光电复合缆是 5GNR 系统引入的一种全新的线缆。光电复合缆集光纤、输电铜线于一体，可以同时解决宽带接入、设备用电、信号传输的问题。在 5G 站点中一般主要用于 RHUB 与 pRRU 之间的连接。

光电复合缆两端都有两个接头，其中一个为电口接头（见图 2-51 中数字 1），另一个为 ETH 光口接头（见图 2-51 中数字 2）。

图 2-50 网线

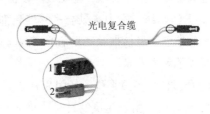

图 2-51 光电复合缆与接头

光电复合缆一般内芯为光纤加铜导线组合，光纤用来传输数据，铜导线用来供电；内芯外各种护套钢丝等都是为了保护线缆。具体如图 2-52 所示。

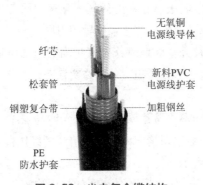

图 2-52 光电复合缆结构

2.2 室内分布概述

随着国家经济发展，移动用户数量飞速增长，建筑物也越来越多，无线网络信号服务要求也不断上升。近年来随着通信技术的演进以及用户行为习惯的变化，移动数据业务呈现指数级增长，目前室内区域产生的移动网络业务量在整个网络中占比 70%，伴随着 5G 业务种类的持续增加和行业的不断扩展，业界预测未来更多的移动业务将发生在室内，业务量比例会超过 80%。

目前室内区域产生的移动网络流量在整个网络中已经占有了非常高的比例，建筑物规模增多，无线环境越来越复杂。由于建筑物对无线网络信号有很强的屏蔽作用，在大型建筑物的低层、地下层等环境下，形成了移动通信的弱区和盲区；在中高层，由于来自不同小区信号的重叠，干扰严重，导致无线网络信号质量较差。另外，在有些建筑物内，虽然无线网络信号覆盖正常，但是用户密度大，网络拥塞严重，影响用户感知。

基于以上原因，室外基站信号服务无法满足室内用户的需求。因此，为了解决这些问题，提出了室内分布系统方案。

2.2.1 室分系统简介

1. 室分系统定义

室内分布系统，简称室分系统，又称室内站，就是在室内分散布放的信号覆盖系统。其原理是利用在室内分散布放的室分器件，把无线网络信号覆盖至建筑物室内每一个区域。

早期的无线网络，室内场景与室外场景都是由室外的站点提供信号覆盖，由于近年来各方面的大力发展，室外站点信号很难满足复杂的室内场景，也无法满足用户越来越高的服务要求。所以近些年来室分系统得到了大力发展。

室内之所以使用室分系统，是因为有如下几个原因：

（1）覆盖方面，由于建筑物自身的屏蔽和吸收作用，造成了室外站信号传播过程中较大的衰减损耗，形成了移动信号的弱区甚至盲区；而室分信号可以很好地覆盖室内的每一个角落。

（2）容量方面，建筑物诸如大型购物商场、会议中心，由于移动电话使用密度过大，局部网络容量不能满足用户需求，无线信道发生拥塞现象；室分系统可以灵活组网配置更多设备及小区满足用户容量需求。

（3）质量方面，建筑物高层空间极易存在无线频率干扰，服务小区信号不稳定，出现乒乓切换效应，话音质量难以保证，并出现掉话现象。室分采用异频组网，降低干扰。

室内分布系统的建设，可以较为全面地改善建筑物内的通话质量，提高移动电话接通率，开辟出高质量的室内移动通信区域；同时，可以分担室外宏蜂窝话务，扩大网络容量，从整体上提高移动网络的服务水平。

室分一般采用"多天线，小功率"覆盖原则；室分天线与宏站天线在增益上有很大的差异，单天线覆盖距离也就相差甚远；室分一般采用精细化覆盖，信号精细化覆盖需要覆盖的地方，并且保持不外泄出去影响其他地方，如图 2-53 所示。

室分建设的覆盖目标，优先为热区和盲区。热区就是用户密集数量较多并且业务量较大的区域；

盲区是指信号很差甚至无信号的区域。解决热区与盲区的问题可以提升运营商品牌口碑与经济收入。

2. 室分系统结构

室分系统一般由信号源和分布系统组成，如图 2-54 所示。信号源简称信源，是指室分系统所使用的信号来源。信源可以独立建设也可以引用其他站点的信号；分布系统由合路器、耦合器、功分器、干线放大器等各种室分器件组成。

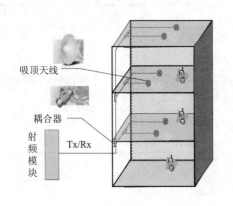

图 2-53　室分示意图

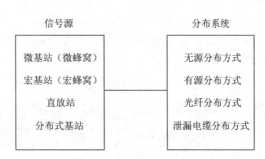

图 2-54　室分系统组成

1）信号源

（1）微基站（微蜂窝）。微蜂窝可看作是微型化的基站，该类型基站的主要设备放置在一个比较小的机箱内，同时微蜂窝可以提供容量。主要优点是体积小、安装方便、不需要机房，是一种灵活的组网产品。微蜂窝可以与天线同地点安装，如塔顶和房顶，直接用跳线将发射信号从微蜂窝设备连到天线。由于微蜂窝本身功率较小，只适用于较小面积的室内覆盖，若要实现较大区域的覆盖，就必须增加微蜂窝功放。同时，由于安装在室外，条件恶劣，可靠性不如基站，维护不方便。

（2）宏基站（宏蜂窝）。宏基站需要在专用机房内采用机架形式安装，宏基站提供容量。其主要优点有：宏基站是移动通信网络的重要设备，容量大、可靠性高、维护比较方便，覆盖能力比较强，使用的场合比较多。缺点是设备价格昂贵，只能在机房内安装且安装施工较麻烦，不易搬迁，灵活性稍差。

（3）直放站。直放站是一种信号中继器，对基站发出的射频信号根据需要放大，本身不提供容量，用于对基站无法覆盖且话务量需求比较小的区域进行补充覆盖。常见的直放站类型包括无线直放站和光纤直放站两大类，无线直放站可细分为宽带直放站、选频直放站和移频直放站。直放站的主要优点有：直放站配套要求低，可以不需要机房、电源、传输、铁塔等配套设备，建设周期短，体积小，不需要机房，室外安装方便。

（4）分布式基站。分布式基站一般由基带单元和远端射频单元组成。分布式基站是相对于传统的集中式基站而言的，它把传统基站的基带部分和射频部分从物理上独立分开，中间通过标准的基带射频接口（CPRI/OBSAI）进行连接。

传统基站的基带部分和射频部分分别被独立成全新的功能模块基带单元（Base Band Unit，BBU）和远端射频单元（Remote RF Unit，RRU），RRU 与 BBU 分别承担基站的射频处理部分和基带处理部分，各自独立安装，分开放置，通过电接口或光接口相连接，形成分布式基站形态。其主要优点有：分布式基站能够共享主基站基带资源，可以根据容量需求随意更改站点配置和覆盖区域，满足运营商各种场景的建网需求。

室分系统信源对比见表2-3。

表2-3 室分系统信源对比

信号源	优点	缺点
微基站	安装方便、适应性广、规划简单、灵活	覆盖能力小，可靠性不如宏基站、维护不太方便、扩容能力不足
宏基站	容量大，稳定性高	设备价格昂贵，需要机房，安装施工较麻烦，不易搬迁，灵活性稍差
直放站	无须传输、技术成熟、施工简单、建设成本较低	干扰严重、同步问题严重、扩容能力不足、受宿主基站影响、运维成本高
分布式基站	安装方便、适应性广、规划简单、灵活、基带共享、易扩容、运维成本低	与直放站相比，造价较高

2）分布系统

分布系统是指室内分布系统中功率分配方式的表现形式。室分系统按中继方式，可分为无源分布方式和有源分布方式；按射频信号传输介质方式，可分为光纤分布式和泄漏电缆分布方式等。

以上各种信号分布方式的优缺点见表2-4。

表2-4 分布方式对比

信号分布方式	优点	缺点
无源分布方式	使用无源器件、成本低、故障率低、无须供电、安装方便、无噪声积累、宽频带	系统设计较为复杂、信号损耗较大时需加干线放大器
有源分布方式	设计简单、布线灵活、场强均匀	需要供电、频段窄、多系统兼容困难、故障率高、有噪声积累、造价高
光纤分布方式	传输损耗低、传输距离远、易于设计和安装、信号传输质量好、可兼容多种移动通信系统	远端模块需要供电、造价高
泄漏电缆分布方式	场强分布均匀、可控性高、频带宽、多系统兼容性好	造价高、传输距离近、安装要求严格

这里简单介绍一下光纤分布方式和泄漏电缆分布方式。有源分布方式与无源分布方式后文重点介绍。

（1）光纤分布方式。光纤分布方式系统是把从基站或微蜂窝直接耦合的电信号转换为光信号（电光转换），利用光纤将射频信号传输到分布在建筑物各个区域的远端单元，在远端单元再进行光电转换，经放大器放大后通过天线对室内各个区域进行覆盖，具体如图2-55所示，该系统主要包括信号源、光近端机、先远端机、干线放大器、功分器、耦合器、射频电缆、天线等器件。该系统的优点是光纤传输损耗小，解决了无源天馈分布方式因布线过长造成的线路损耗过大问题。缺点是设备较复杂、工程造价高，用于布线距离较大的分布式楼宇以及大型场馆等建筑的覆盖。

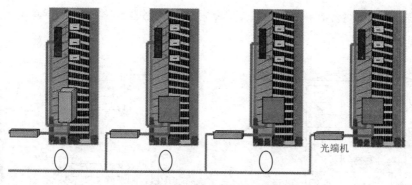

图 2-55　光纤分布式系统示意图

（2）泄漏电缆分布方式。泄漏电缆分布方式是通过泄漏电缆传输信号，并通过泄漏电缆外导体的一系列开口在外导体上产生表面电流，在电缆开口处横截面上形成电磁场，这些开口就相当于一系列的天线，起到信号的发射作用。该系统主要包括信号源、干线放大器、泄漏电缆，具体情况如图 2-56 所示。

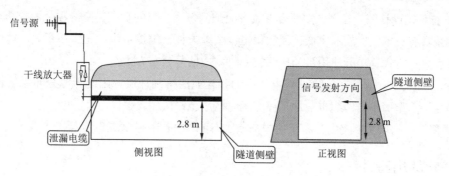

图 2-56　泄漏电缆分布方式示意图

泄漏电缆分布方式的优点是覆盖均匀，带宽值高。泄漏电缆分布方式系统的缺点是造价高，安装要求高，每隔 1 m 要求装一个挂钩，悬挂起来时电缆不能贴着墙面，而且要求与墙面保持 2 cm 的距离，这不但会影响环境的美观，而且价格是普通电缆的两倍。适用于隧道、地铁、长廊和电梯井等特殊区域，也可用于对覆盖信号强度的均匀性和可控性要求较高的大楼。

2.2.2　有源室分系统

有源分布系统通过有源器件（有源集线器、有源放大器、有源功分器）进行信号放大和分配，利用多个有源小功率干线放大器对线路损耗进行中继放大，使用同轴电缆作为信号传输介质，再经过天线对室内各区域进行覆盖，如图 2-57 所示。有源分布系统主要器件包括信号源、电桥、干线放大器、功分器、耦合器、射频同轴电缆、天线等。该系统不仅解决了无源天馈分布方式覆盖范围受馈线损耗限制的问题，并具备告警、远程监控等功能，适用于结构较复杂的大楼和场馆等建筑。

2.2.3　无源室分系统

无源分布系统由无源器件功分器、耦合器、天线、馈线等组成，信号源通过耦合器、功分器等无源器件进行分路，经由馈线将信号分配到每一副分散安装在建筑物各个区域的低功率天线上，解决室内信号覆盖问题，如图 2-58 所示。

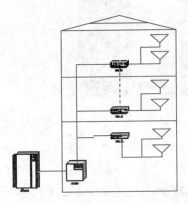

图 2-57　有源分布系统示意图

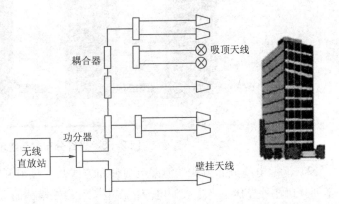

图 2-58　无源分布系统示意图

无源分布系统设计较为复杂，需要合理设计分配到每一支路的功率，使得各个天线功率较为平均。无源分布系统具有成本低、故障率低、无须供电、安装方便、维护量小、无噪声积累、适用多系统等优点，因此无源分布方式是实际使用最为广泛的一种室内信号分布方式。

无源分布方式中，信号在传输过程中产生的损耗无法得到补偿，因此无源分布系统覆盖范围受到限制。一般用于小型写字楼、超市、地下停车场等较小范围区域覆盖。

对于面积较大的场所，室内分布系统中需增加有源器件以补偿线路的损耗增大覆盖范围。

2.2.4　室分常用器件

室内分布系统中使用的主要器件有合路器、室内天线、电缆接头、泄漏电缆、功分器、耦合器电桥。

1. 合路器

合路器是将不同制式或不同频段的无线信号合成一路信号输出，同时实现输入端口之间相互隔离的无源器件，如图 2-59 所示。根据输入信号种类和数量的差异，可以选用不同的合路器。

图 2-59　合路器

合路器的技术指标见表 2-5。

表 2-5　合路器技术指标

技术指标	具体信息	
端口标示	GSM　DCS	LTE-5GNR
频率范围/MHz	885 ~ 960, 1 710 ~ 1 830	1 880 ~ 2 025, 2 300 ~ 5 000
插入损耗/dB	≤ 0.6	≤ 0.6
内带波动/dB	≤ 0.4	≤ 0.4
隔离度/dB	≥ 80（1 880 ~ 2 025 和 2 300 ~ 2 400 MHz）	≥ 80（885 ~ 960 MHz 和 1 710 ~ 1 830 MHz）
驻波比	≤ 1.25	
功率容量/W	200	
阻抗/Ω	50	
三阶互调/dBc	≤ −125（43 dbm × 2）	
接口类型	N-K	
工作温度/℃	−25 ~ +55	

2. 室内天线

室内天线又分为四种：吸顶天线、壁挂天线、八木天线和抛物面天线，如图 2-60 所示。

吸顶天线是水平方向的全向天线；壁挂天线适合覆盖定向范围的区域，例如在室内大厅等场景，为避免室分信号泄漏到室外，多采用定向壁挂天线实现室内定向覆盖；八木天线方向性较好，有部分八木天线在制造时采用加装板状外壳，与壁挂天线外形类似，适用作施主天线或电梯覆盖；抛物面天线方向性好，增益高，对于信号源的选择性很强，适用作施主天线。

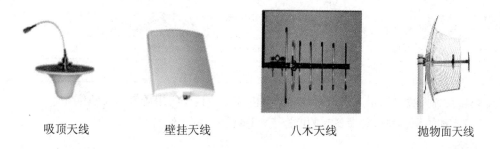

吸顶天线　　　　壁挂天线　　　　八木天线　　　　抛物面天线

图 2-60　室内天线

室内全向天线的技术指标见表 2-6。

表 2-6　室内全向天线的技术指标

技术指标	具体信息
频率范围/MHz	700 ~ 5 000
增益/dBi	3
半功率波束/3dBi	360°
驻波比	≤ 1.5

技术指标	具体信息
极化方式	垂直
最大功率/W	50
阻抗/Ω	50
接口类型	N-K 母头
天线规格	180 mm（直径）×90 mm（高度）
天线质量	小于 350 g
工作温度/℃	−25 ~ +55

室内定向天线的技术指标见表 2-7。

表 2-7　室内定向天线的技术指标

技术指标	具体信息	
频率范围/MHz	700 ~ 5 000	700 ~ 5 000
增益/dBi	7	8
半功率波束/3dBi	E：90°±10°　H：85°	E：75°±15°　H：60°
驻波比	≤ 1.5	
极化方式	垂直	
最大功率/W	50	
阻抗/Ω	50	
接口类型	N-K 母头	
天线规格/mm	165 mm（长）× 155 mm（宽）× 45 mm（厚）	
工作温度/℃	−25~ +55	

室内分布系统天线的选用，需根据不同的室内环境、具体应用场合和安装位置，结合不同楼梯本身结构，在尽可能不影响楼内装潢美观的前提下，选择适当的天线类型。

3. 电缆接头

同轴射频电缆与设备以及不同类型线缆之间一般采用可拆卸的射频连接器进行连接，这些连接器俗称电缆接头。作用是有时馈线不够长，需要延长馈线或者馈线要连接设备时，都需要接头进行转换。

转接头又称转接器，在通信传输系统中用于连接器与连接器之间的连接，对连接器起转接作用。

公头和母头的区别：一般公连接器都是采用内螺纹连接，而母连接器是采用外螺纹连接，但有少数连接器相反，称为反连接器。还有一种简单区别的方法：公头中间有根针，外围是活动的；母头中间是环管，外围有螺纹不能活动，如图 2-61 所示。

公头　　　　　　　　　母头

图 2-61　公头与母头

连接器的命名方式，如图 2-62 所示。

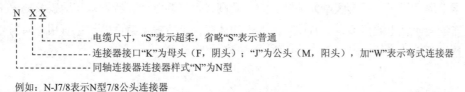

例如：N-J7/8表示N型7/8公头连接器

图 2-62 连接器的命名方式

N 型系列连接器是一种具有螺纹连接结构的中大功率连接器，具有抗震性强、可靠性高、机械和电气性能优良等特点，广泛用于振动和恶劣环境条件下的无线电设备以及移动通信室内覆盖系统和室外基站中，如图 2-63、图 2-64 所示。

7/16/N-JK   N-JJ   N-KK   7/16/N-KJ   N-JWK

图 2-63 N 型连接器 1

N-K7/8   N-J1/2   N-J7/8   N-JW1/2

图 2-64 N 型连接器 2

DIN 型连接器：适用的频率范围为 0~11 GHz，一般用于宏基站射频输出口。

N 型连接器：适用的频率范围为 0~11 GHz，用于中小功率的具有螺纹连接结构的同轴电缆连接器，这是室内分布中应用最为广泛的一种连接器，具备良好的力学性能，可以配合大部分的馈线使用。一般设备都是 N 型母头，DIN 头常见于基站类设备，连接基站的、耦合基站的时候用，而 N 头多用于室分器件连接。

一般来说，在连接两根馈线时，就要用母头，此时母头不连接器件；器件自带的机头都是母头，馈线是公头，馈线接公头后直接就能接器件；直角弯头其实就是把公头的头部弯了 90°便于施工，也比较美观。

DIN 型连接器如图 2-65 所示。

4. 泄漏电缆

泄漏电缆把信号传送到建筑物内的各个区域，同时通过泄漏电缆外导体上的一系列开口，在外导体上产生表面电流，从而在电缆开口处横截面上形成电磁场，把信号沿电缆纵向均匀地发射出去以及接受回来。泄漏电缆适用于狭长形区域如地铁、隧道及高楼大厦的电梯。特别是在地铁及隧道里，由于有弯道，加上车厢会阻挡电波传输，只有使用泄漏电缆才能保证传输不会中断，也可用于对信号强度的均匀性和可控性要求高的大楼。泄漏电缆如图 2-66 所示。

7/16F-NM(母头)　7/16M-NM(公头)

图 2-65　DIN 型连接器

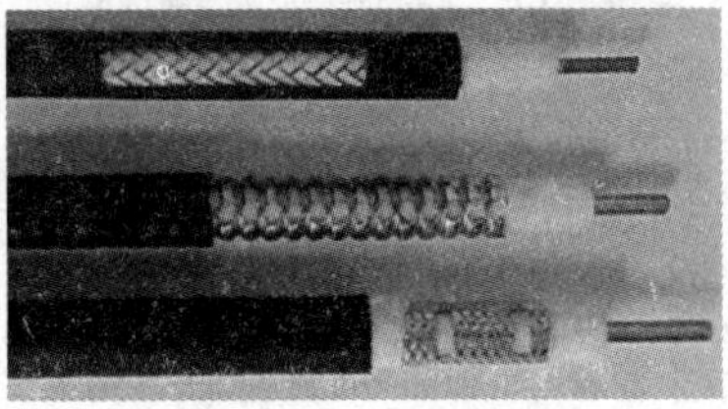

图 2-66　泄漏电缆

泄漏电缆技术指标见表 2-8。

表 2-8　泄漏电缆技术指标

技术指标	具体信息	
频率范围 / MHz	700 ~ 5 000	
阻抗 / Ω	50	
功率容量 / kW	0.48	
相对传播速度	0.88	
类型	(7 / 8) in 泄漏电缆	(1 / 2) in 泄漏电缆
耦合损耗（距离电缆 2 m 处测量，50% 覆盖率 / 95% 覆盖率）		
900 MHz	73 / 82	70 / 81
1 900 MHz	77 / 88	77 / 88
2 200 MHz	75 / 87	73 / 85

5. 功率分配器

功率分配器简称功分器，作用是将信号平均分配到多条支路，常用的功分器有二功分器和三功分器、四功分器，如图 2-67 ~ 图 2-69 所示。

图 2-67　二功分器

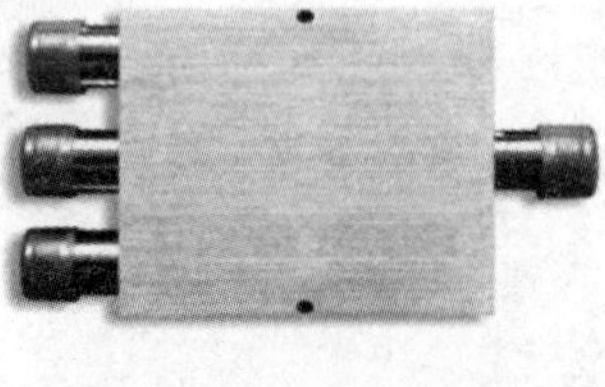

图 2-68　三功分器

图 2-69　四功分器

功分器技术指标见表 2-9。

表 2-9　功分器技术指标

技术指标	具体信息		
频率范围/MHz	700 ～ 960，1 710 ～ 2 200，2 400 ～ 5 000		
类别	二功分器	三功分器	四功分器
驻波比	≤ 1.22	≤ 1.3	≤ 1.3
分配损耗/dB	≤ 3.3	≤ 4.8	≤ 6.0
插入损耗/dB	≤ 0.3	≤ 0.5	≤ 0.5
隔离/dB	≥ 18 dB		
功率容量/W	50		
三阶互调	≤ −120 dBc（43 dBm×2）		
接口类型	N− 母头		
阻抗/Ω	50		
防护等级	IP64		
工作温度/℃	−25 ～ +55		

功分器一般用于支路需要的输出功率大致相同的场景。使用功分器时，若某一输出口不输出信号，则必须接匹配负载，不应空载。

6. 耦合器

耦合器是一种低损耗器件，如图 2-70 所示。

图 2-70　耦合器

耦合器具有一输入两输出。相对于二功分器的一输入两均等输出，耦合器的输出信号具有一大一小的特点：直连端的输出信号比较大，损耗小，可以看作直通，而耦合端的信号比较小，损耗大。工程上常将主线信号与耦合端上的输出较小的信号差值称为"耦合度"，用 dB 表示。耦合器输出功率 = 输入功率 − 耦合度，如图 2-71 所示。

图 2-71　耦合器输出端功率示意图

耦合器的功率分配符合式（2-1）、式（2-2）。

耦合端：　　　　　　　输出功率（dBm）＝输入功率（dBm）－耦合度（dB）　　　　　　（2-1）

直通端：　　　　　　　输出功率（dBm）＝输入功率（dBm）－器件损耗（dB）　　　　　　（2-2）

例如：1 个 10 dB 的定向耦合器，直通插损 0.8 dB，若输入端功率为 30 dBm，那么耦合器的直通端功率为 29.2 dBm，耦合端功率为 20 dBm。

常见耦合器的输入 / 输出功率表见表 2-10。

表 2-10　常见耦合器的输入 / 输出功率表

技术指标	具体信息				
耦合器类型	5 dB	6 dB	10 dB	15 dB	20 dB
耦合端损耗/dB	5	6	10	15	20
直通插损/dB	1.8	1.5	0.8	0.4	0.2
输入端功率/dBm	30	30	30	30	30
直通端功率/dBm	28.2	28.5	29.2	29.6	29.8
耦合功率/dBm	25	24	20	15	10

耦合器技术指标见表 2-11。

表 2-11　耦合器技术指标

技术指标	具体信息					
频率范围/MHz	700 ~ 960，1 710 ~ 2 200，2 400 ~ 5 000					
标称耦合度	5 dB	6 dB	10 dB	15 dB	20 dB	30 dB
耦合度偏差	±0.8	±0.8	±1	±1	±1.5	±1.5
插入损耗/dB	≤ 2.0	≤ 1.8	≤ 0.8	≤ 0.4	≤ 0.2	≤ 0.2
隔离度/dB	≥ 20					
驻波比	≤ 1.4					
功率容量/W	≥ 100					
互调产物	< -130 dBc（43 dBm×2）					
特性阻抗/Ω	50					
接头类型	N-F					
工作温度/℃	-25 ~ +55					

7. 电桥

电桥又称合路器，如图 2-72 所示，常用来将两个无线载频信号进行合路，合路后每一个输出端都具有这两路信号。电桥的端口有接收端 Rx 和发送端 Tx，若只使用其中一个输出端口，通常在 Load 端接负载，则使用另一输出端口进行信号合路输出，使用电桥进行信号合路有 3 dB 损耗。

图 2-72　电桥

电桥技术指标见表 2-12。

表 2-12　电桥技术指标

技术指标	具体信息
频率范围/MHz	700 ~ 5 000
插入损耗/dB	< 0.5
隔离度/dB	> 25
互调损耗/dBm	−110
回波损耗/dB	20
阻抗/Ω	50
驻波比	≤ 1.3
功率容量/W	100
工作温度/℃	−25 ~ +55

2.2.5　数字化室分

1. 数字化室分概述

数字化室分与传统的无源器件组成的室分系统不同，数字化室分系统采用 BBU + 集线设备 RHUB+ 分布式的 pRRU，通过网线和光纤部署实现对建筑物的覆盖。数字化系统相对于传统的室分系统有明显的优势：支持 MIMO，提供更高的容量；支持灵活分裂小区，可以进一步提升网络容量；采用光纤和网线部署，工程相对容易；系统末端可监控。

数字化室分具有部署灵活、容量大、可监控等优点，在 4G 网络中已经被采用。经过几年的部署，数字化室分已经得到三大运营商的认可。比如中国移动在 TD-LTE 的网络建设中明确要求新建的室分要大量采用包括数字化室分在内的新型室分系统。大唐开发的 4G 及多模数字化室分系统 PinSite 已经在多个省份应用，主要面向交通枢纽、大型商场、大学宿舍、酒店等话务量高或比较重要的高价值区域。到 5G 时代，由于 5G 的频段更高，5G 的室内覆盖采用数字化室分无疑是最合理的解决方案。

2. 数字化室分的优势

1）建设与升级改造简单

首先，传统室分系统建设过程中涉及大量的无源器件，而无源器件安装过程复杂，在安装、调试过程中需要顾及的节点较多，需要注意避免的风险较多，而且大部分无源器件都是由一些小厂家生产，质量参差不齐，引发各种器件故障的概率也大，增加了工程的协调改造难度。其次，传统室分工程工艺复杂，工程量大，且工程建设难度较大，增加了网络线路改进难度。最后，室分工程新建节点较多，新建节点需要占用较大空间，且因为系统内部器件老化程度和施工工艺存在差异，很难满足工程改造要求。

数字化室分设备与基带射频设备都为大厂家生产，质量有保障，安装建设基本不涉及无源器件，新建节点较少，施工过程非常简单。升级改造更加简单。

2）监控及故障排查简单

传统的室内分布系统器件数目众多，且无法对相应器件进行有效监控，因此不能做到随时发现问题故障。一般情况下只能靠维修人员巡检或用户投诉的方式来发现故障和解决故障，效率较低并且影响用户体验。对于建设初期进行隐藏设计建设的室内分布系统而言，系统具有复杂性和隐藏性，少量的巡检人员不可能检查那么细致、周全，很容易出现漏检的现象，而增加排查人员和排查频次则会导致投入成本的增加，甚至因为过多地进出室内环境引发与业主纠纷问题，给故障排查带来一定的困难。

数字化室分设备与基带射频设备都为同一厂家生产，并且同时纳入监控范围，可以进行 7×24 h 实时监控。一旦发生故障，监控人员可以第一时间发现，并且明确得知故障具体情况，维护人员不需要进行大范围排查，可以直接找到问题点进行处理，效率也很高。

3）适应性强

目前传统室分系统存在一个很大的问题，分布系统使用大量的无源器件，而这些无源器件存在很大的限制，如频率限制不支持很多频段，功率限制输出功率有限，速率限制峰值速率较低，在 LTE 系统中还可以勉强适应，而在 5G 系统中适应性较差，并且不支持很多 5G 新技术。

数字化室分设备与基带射频设备都为统一配套，频率完整匹配各类频段，多种功率输出完美适应各种环境要求，并且支持 5G 各种应用场景与新技术。

2.2.6 室分未来发展趋势

1. 带宽增加

为应对 5G 典型室内业务对移动网络的大带宽需求，5G 网络需要以 1 000 MHz 带宽、4T4R 配置为基础，才能保障足够的边缘体验速率和充分的用户容量。

业务驱动网络的建设，更大带宽是 5G 网络最主要的特征，用户对业务体验和网络速率的要求越来越高，并且 5G 核心网的虚拟化为 5G 的部署提供了强有力的支持，以满足 eMBB、uRLLC 和 mMTC 的技术要求。5G 的接入能力将是 4G 的百倍以上，海量机器类通信的应用支持、无上限的连接数密度的需求以及网络虚拟化后各数据中心之间的连接能力都将对传输带宽提出前所未有的挑战。

考虑未来 AR/VR、4K/8K 高清视频等大带宽业务大部分发生在室内，5G 数字化室分产品向宽带化趋势进行演进势在必行。为了满足 5G 网络容量及用户速率，数字化室分需具备向 100 MHz 带宽以上及 4×4 MIMO 演进的能力，未来能够匹配室内场景大容量的需求。

2. 样式增加

室内产品数字化演进是大势所趋，5G 数字化室分设备部署规模将明显提升，但多样化室内场景有多样化网络需求，5G 数字化室分设备需支持多种形态。高价值、高流量大型场景以室内高性能产品为主，具备数字化运营、弹性扩容；容量需求适中的中小场景以室内中低性能产品为主；容量需求低的小微场景需要低成本的数字化室分产品。

4G 和 5G 网络会在今后的相当一段时间内并存，这要求数字化室分产品需要具备多频多模的能力，并且可以支持连接传统室分部分产品。

从具体产品形态看，为降低演进成本，在某些需求降低前期投入以及二次进场成本的特殊场景，宜要求部署的 4G 模块支持后续跟 5G 模块的级联；另外，室内场景多样化，数字化室分需要根据不同场景需求，支持外置天线和内置天线等不同样式形态，满足室内不同场景需求。

总的来看，面对多样化的 5G 网络演进需求，5G 数字化室分产品需支持多种样式形态：

（1）面向不同部署场景需求，需支持高性能数字化产品、中低性能数字化产品；低成本的数字化产品。

（2）面向不同模式需求，需支持 4G+5G 多模数字化产品、5G 单模数字化产品、支持级联 4G 的 5G 单模数字化产品。

（3）面向不同天线需求，需支持具备内置天线数字化产品、可外接定向天线的数字化产品、可外接局部传统室分的数字化产品。

3. 共享融合

室内多运营商共享技术可以帮助运营商在建设高性能数字化网络的同时，获得更好的投资回报率，共享投资成本，同时，多个运营商站点共享还缓解了站址资源短缺的问题，降低物业协调难度和维护成本，所以多个运营商数字室分网络共享正逐渐成为 5G 室内网络建设的一个重要特性。

室分系统的共建共享可以两个或多个运营商合用一个分布系统，减少重复建设，节约成本，最大化系统的复用程度。目前国内多家设备厂商先后推出了室内数字化多运营商共享解决方案，依赖强大的全带宽能力，满足运营商超高速室内移动宽带建网和多个运营商共建共享等多种需求。

为响应国家"十三五"规划提出的"创新、协调、绿色、开放、共享"的发展新理念，中国电信、中国联通已达成 5G 室内共建共享开展深度合作的意向，以避免重复建设，降低网络成本。

室内网络更多使用室内产品部署，将极大提升室内网络投资，因此需要为中低价值、中低容量、全数字化部署成本较高（如密集隔断）场景寻求高收益比解决方案，将数字化方案与传统室分融合、用传统室分拓展数字化末端单元的覆盖边界，可以兼顾数字化方案与传统室分方案的优点，提供降低部署成本的一种选择。

4. 标准接口

5G 接入网架构在设计之初，相对于 4G 接入网而言，有了几个典型的需求，具体如下：

（1）接入网支持 DU（Distributed Unit，分布式单元）和 CU（Central Unit，集中单元）功能划分，且支持协议栈功能在 CU 和 DU 之间迁移。

（2）支持控制面和用户面分离。

（3）接入网内部接口需要开放，能够支持异厂商间互操作。

（4）支持终端同时连接至多个收/发信机节点（多连接）。

（5）支持有效的跨基站间协调调度。

依托 5G 系统对接入网架构的需求，5G 接入网逻辑架构中，已经明确将接入网分为 CU 和 DU 逻辑节点，CU 和 DU 组成 gNB 基站，其中，CU 是一个集中式节点，对上通过 NG 接口与核心网（NGC）

相连接，在接入网内部则能够控制和协调多个小区，包含协议栈高层控制和数据功能。DU 是分布式单元，广义上，DU 实现射频处理功能和 RLC（无线链路控制）、MAC（媒质接入控制）以及 PHY（物理层）等基带处理功能；狭义上，基于实际设备实现，DU 仅负责基带处理功能，RRU（远端射频单元）负责射频处理功能，DU 和 RRU 之间通过 CPRI（Common Public Radio Interface）或 eCPRI 接口相连。CU 和 DU 之间通过 F1 接口连接。

在设备实现上，CU 和 DU 可以灵活选择，二者可以是分离的设备，通过 F1 接口通信；或者 CU 和 DU 也可以完全集成在同一个物理设备中，此时 F1 接口就变成了设备内部接口，CU-DU 无论是合设还是分离，其中间接口 F1 都实现标准化，有利于异厂商进行互操作及协商。

5. 统一网管

在 5G 数字化室分产品形态多样化的趋势下，随着 5G 网络设备的种类和数量增加，整个网络的复杂性日益提高，多厂商问题非常突出，特别是在 5G 时代，网络需具备快速部署和全网的综合管理的能力，包括：集中监控、分析、优化，及时掌握全网运行情况并进行有效控制，从而提高运营商信息化管理水平，最终提高移动通信的服务质量和运营效益。

支持网络切片的编排与管理，是 5G 网管系统最重要的新功能之一。为客户提供一致化的服务体验等方面，也会面临异厂家切片技术互操作的挑战。尤其是在面向复杂的垂直行业应用场景时，甚至会出现不同子域的网络设备归属于不同的运营商的问题。实现 5G 端到端的统一网管，将垂直行业用户的具体业务需求映射为对接入网、核心网、传输网中各相关网元的功能、性能、服务范围等具体指标要求，有助于提供最优的业务体验和全局决策。

6. 智能运维

随着 5G 商用时代的开启，数据流量的激增，网络复杂度的不断提升，给传统的网络运维工作带来巨大挑战，现有的管理模式已经难以适应 5G 网络部署全面云化、智能化的需求，同时依靠大量人工的传统运维方式已经无法满足成本和效率的需求，急需引入 AI、大数据等新技术，推动网络运维的自动化、智能化发展，与此同时，未来的运维将从关注稳定性、安全性转向应用需求和用户体验。

AI 作为构建 5G 网络竞争力必不可少的一环，已成为业界共识。2017 年，3GPP 在 R15 引入网络数据分析功能（NWDAF），其有望成为网络功能的 AI 引擎。同年，ETSI 成立 ZSM 工作组，旨在实现自动化、智能化网络运维。同时，全球领先运营商与设备商也在 AI 助力网络领域强化合作。业界正在应用人工智能技术实现 5G 网络智能化。

5G 网络的智能化演进，是长期的系统性工程。随着 5G 商用进程的加速，5G 网络在各垂直领域的应用实践逐渐开花，人工智能对 5G 网络的助力效果极具想象力。伴随标准对 NWDAF 的完善，网络功能层次的智能化闭环将得以实现。利用 NWDAF 辅助实现切片的智能选择，利用 NWDAF 实现 QoS 的实时管控与优化，都将成为现实。而更高层次的智能化闭环，从洞察客户意图，到网络的自动创建、优化，也将成为可能。我们或将看到，只需对着交互终端说一句，计划某时间在某地举办一场赛事，网络就自动完成了该赛事所需 eMBB 切片的创建与激活。

7. 白盒化

基站白盒化是指基站侧设备采用开源软件 + 通用器件来代替传统专用设备。通用器件的特点是"软硬件分离"，可通过外部编程来实现各种功能，它的优点是产量大、成本低、灵活性高。目前 O-RAN

中讨论的白盒化基站，所说的通用器件不仅包括通用处理器，也包括 RRU 射频器件等。通过发布硬件参考设计，同时开放 BBU 和 RRU 之间的前传接口，利用核心器件的规模效应摊薄研发成本，从而通过硬件的白盒化降低接入网的综合成本。

目前，国外的白盒基站研究的应用场景包括宏基站和小基站。国内的白盒基站研究则聚焦在室内小基站领域，5G 时代伴随室内小基站的大量应用，将会带来无线网络建设与运维成本的巨大压力，因此低成本的白盒基站首先将聚焦在这一类场景。而小基站部署具有覆盖范围小、场景单一的特点，对设备性能指标要求较宏基站也将有所降低。

5G 基站的白盒化将使移动通信产业链由封闭逐步走向开放，有利于吸引一大批有创新能力的中小企业进入移动通信产业，进一步激活产业活力，重塑产业生态；同时，也给电信运营商带来了新的机遇，使运营商可以更加快速、高效、低成本地提供新兴业务与应用，满足普通客户和垂直行业的各类特殊需求。

2.3　站点工程流程

随着大规模的基站工程建设，积累了丰富的经验，也吸取了很多教训，逐渐形成了一套良好的站点工程流程。严格按照站点工程流程执行，有利于工程项目高效顺利地进行，不仅可以节省工程时间，还可以节省成本。

2.3.1　工程整体流程

站点工程整体流程一般分为三个阶段：立项阶段，实施阶段，验收投产阶段。

立项阶段一般指的是工程实施之前进行各类筹备工作的阶段。实施阶段一般指的是工程建设的实际过程的阶段。验收投产阶段一般指的是工程建设结束之后的各类工作阶段。

2.3.2　立项阶段

工程立项阶段主要工作是工程项目筹备与制订计划。在工程正式开始实施之前，做好一切准备工作，方便工程顺利实施。

1. 工程项目筹备

1）明确工程项目任务情况

工程项目筹备的第一步就是需要明确工程项目任务情况，只有先搞清楚任务的具体情况，才能开始接下来的其他步骤。

2）组建工程项目部

"一个篱笆三个桩，一个好汉三个帮。"一个人不可能把工程项目上所有的事情做完，明确工程项目任务之后，根据需求，确定所有涉及的方面，组建工程项目部，大家分工协作，齐头并进。

3）资料手续

收集相关所有的资料，以便后期需要使用时可以随时找到，避免影响工程进度；提前办理好工程所有相关的手续证件，确保工程实施的时候可以按时进行。

4）工程勘测

根据工程项目任务与相关资料进行工程勘测，相关人员深入工程任务现场，了解现场具体情况，勘测相关信息，关键情况拍照记录，输出勘测报告。

5）工程设计

收集工程相关所有的资料，尤其是勘测资料；进行工程方案设计。

6）工程概算

收集工程相关所有的资料，尤其是勘测与设计资料；统计所涉及的设备、材料、人工，进行工程概算。

7）方案制订与评审

根据工程项目任务及勘测设计概算情况，制订具体的实施方案，组织项目内部评审；内部评审通过之后，上报甲方客户或领导层组织二次评审；二次评审通过之后可以进行下一环节。如果评审出现问题，优化调整后组织再次评审。

2. 制订计划

1）制订项目计划

根据之前通过的最终评审方案，制订项目接下来的所有计划，需要明确每一个关键节点、具体时间、具体任务、具体责任方，确保工程项目按计划可以顺利执行。

2）招投标采购

根据项目方案与计划，确定工程所需物资，已有物资准备调配，欠缺物资开启招投标采购，采购完成项目所需的所有物资，包含且不限于主材、辅材、工具、机械、仪表等，并且要明确交付时间、地点、类型、数量，确保能按时、按地、按量到位，不能影响工程进度。

3）资源调配

资源分为人力资源和物料资源。根据项目最终评审方案与计划，确定好所需人员的数量及工种类型，做好调配工作。另外，已有物资与采购物资也需要根据具体情况做好调配。总之，调配好工程所需的人员与物资，确保都可以到位，保证工程顺利进行。

4）任务分配

根据工程终审方案、工程计划与资源调配情况，进行任务分配，包括具体工程各类子项任务、责任人、时间节点。

2.3.3 实施阶段

如果工程涉及基站数量较多，在工程整体开工实施建设之前，需要先挑选少量站点进行试点建设。工程实施一般分为土建环节、电源及防护系统建设、传输系统建设、基站主设备及天馈建设。具体情况如下：

1. 土建环节

1）接地网建设

由于接地网需要埋在地下，所以工程实施第一环节是进行接地网建设，一般针对野外新建机房。如果机房建设于楼顶或大楼附近，并且大楼已有接地系统，可以考虑直接接入大楼接地系统，如此则不需要新建。

2）机房塔桅建设

接地网建设完成之后，开始机房与塔桅建设，建设过程中除了遵守国家相关规定及设计要求之外，注意做好机房墙内线缆线路预埋，线缆接头处预留一定的长度，方便后期设备连接。

3）接地网及机房塔桅验收

由于接地网部分埋在地下，后期验收不易，机房塔桅影响较大，如果有问题容易导致安全事故，且严重影响工程进度。所以，机房塔桅建设完成之后，需要与接地网先进行验收，验收通过之后才可进入后面的其他环节，如果发现问题，立即整改，整改通过后再次组织验收。

4）配套设备建设

机房塔桅建设完成之后，建设配套设备，如走线架、馈线窗等。为机房配备好相应工具，如梯子、清洁工具、灭火器等。

2. 电源及防护系统建设

1）电源引入

机房土建完成后，开始电源及防护系统建设，首先开始电源引入，根据设计方案建设，引入过程中严格遵守国家相关规定，注意安全。如果是共建机房可以利用原有电源，可以不需要引入，设备应根据需求安装。

2）电源及防护设备安装

电源引入机房之后，开始安装电源及防护设备，如交流配电箱、电源柜、蓄电池组、空调等；建设过程中严格遵守国家相关规定和设计要求。

3）设备连接调测

设备安装完成之后，进行线缆连接调测，按照规定顺序，连接一个设备调测一个，确定没问题再进行下一个，确保全部设备可正常运行。严禁直接连接多个设备进行调测，避免电压异常或其他原因导致多个设备损毁。

3. 传输系统建设

1）传输引入

电源及防护设备安装调测完成后，开始传输系统建设，首先开始传输引入，根据设计方案建设，引入过程中严格遵守国家相关规定，注意安全。

2）传输设备安装

传输引入机房之后，开始安装传输设备，如 ODF、SPN 等；建设过程中严格遵守国家相关规定和设计要求。

3）设备连接调测

传输设备安装完成之后，进行传输连接调测，对每一路传输进行"连断连"（先连接，后台确定接通，再断开，后台确定断开，再连接，后台确定连接）调测，确定规划的每一路传输都要接通。

4）监控设备调测

监控设备调测一般在电源及防护设备环节，安装好之后，确认通电正常运行即可。在传输接通之后，再进行监控调测，确定机房监控设备已接入后台监管，对门禁、烟雾等每项监控内容进行调测，确定可正常触发告警，告警正常消失，并且后台监控情况与现场一致。

4. 基站主设备及天馈建设

1）设备安装

之前几步都已完成后，开始进行基站主设备及天馈建设。首先开始设备安装，根据设计方案安装，安装过程中严格遵守国家相关规定，注意设备安装环境要求，注意安全。

2）设备连接

设备安装完成之后，进行设备连接。根据设计方案及设备需求，制作相应的接头连接线缆，接入相应的接口，完成设备连接。

3）设备调测

设备连接完成之后，进行开通调测。首先进行设备传输接通，之后进行设备数据导入。目前只支持现场导入，需要技术人员在现场导入基站数据，后期可能采用后台导入。现场导入数据可直接导入，后台导入数据需要设备传输接通才行。传输接通并且设备数据导入成功，后台可以在网管看到基站之后，配置基站相关参数，开通激活基站。

4）功能测试

基站开通激活之后，现场人员根据后台人员提供的基站信息，使用测试手机搜索新开通基站的信号，进行业务功能测试，确定业务可以接通即可，需要对新开通的每一个小区都进行测试，确保新开通基站每一个小区的业务都可以正常接通。

2.3.4　验收投产阶段

基站工程实施结束之后，整理好相关资料并提交，资料评审通过之后，申请开始工程验收。工程验收投产阶段一般分为：硬件参数验收、软件参数验收、试运行观察期、工程移交、工程收尾。

1. 硬件参数验收

1）设备安装验收

硬件参数验收第一步是进行设备安装验收，验收设备是否能正常开通运行，数量、型号与其他相关参数是否与设计一致，安装位置是否与设计一致，安装是否牢固，安装是否符合国家规范及运营商、设备商要求。

2）接头与线缆布放验收

设备安装验收通过后，进行接头与线缆布放验收，验收各个设备之间连接使用的接口接头位置、类型、数量是否与设计一致，室外线缆布放是否使用保护管，接线头与线缆布放是否符合国家规范及运营商、设备商要求。

3）标签验收

接头与线缆布放验收通过之后，进行标签验收。验收机房内所有线缆接头位置是否按照规定做好标签，标签类型使用是否正确，标签字迹是否清晰易识别，标签文字表达意思是否清楚明了，标签内容说明是否正确。

4）环境及配套设施验收

标签验收完成后，验收机房环境及配套设施。机房内部及周边是否清扫干净，温度湿度是否符合国家规范及运营商、设备商要求，消防器材、清洁器材、辅助工具等配套设施是否按规定配备并且按要求摆放。

2. 软件参数验收

1）传输路由验收

软件参数验收第一步是进行传输路由验收，验收新开通基站传输路由是否与设计一致，各路传输是否已接通，本端与对端端口号是否与设计一致，传输带宽是否与设计一致。

2）监控告警验收

传输路由验收通过之后，进行监控告警验收。验收新开通基站是否已纳入监控系统，各类告警是否能正常触发并且后台监控中心能及时监控发现，告警触发之后能否正常消除并且后台监控中心也能发现。

3）主设备及相关参数验收

监控告警验收通过之后，进行主设备及相关参数验收。验收新开通基站开通小区数量是否与规划设计一致，基站级的参数与每个小区的频率、带宽、PCI、CI、邻区等各类参数是否按照规划设计进行设置，基站归属的核心网相关参数是否按照规划设计配置。

4）信号覆盖验收

验收新开通基站信号输出是否正常，输出信号强度与质量是否正常并且符合设计要求，输出信号参数是否符合规划设计，信号覆盖位置是否符合规划设计，信号是否能正常进行移动性连接。整体信号覆盖是否达标，是否符合设计方案。

5）业务功能验收

验收新开通基站各类通信服务业务功能（语音主被叫、VOLTE 主被叫、PING、上传 / 下载等）是否可正常接通，各类业务是否符合规划，如语音通话是否清晰流畅，PING 业务延迟是否正常，上传 / 下载业务速率是否达标等。

3. 试运行观察期

新开通基站的软件硬件参数验收都通过之后，申请正式开通，自此进入试运行观察期。一般情况下观察期为 3 ～ 6 个月，各地运营商要求可能有不同。试运行观察期内如果发生故障告警，可视情况进行延长。试运行观察期通过之后，可以正式进行工程移交，自此工程进入正式投产阶段。

1）日常告警监控及处理

试运行开始之后，后台告警监控人员 7 × 24 h 实时监控新开通基站故障告警情况，确保故障发生时第一时间能发现，及时通知相关人员处理。

2）KPI 监控及优化

试运行观察期开始之后，后台 KPI 监控人员根据要求（一般每天两次）监控新开通基站各项 KPI 指标（接通、掉线、切换、速率等）是否正常，发现相关问题，及时安排优化处理。

3）用户投诉处理

试运行观察期开始之后，发现涉及新开通基站的用户投诉，及时安排处理，避免出现一些隐性故障未发现或者一些其他问题。有效提升服务质量与用户满意度。

4）定期到站巡检

试运行观察期开始之后，根据运营商规定，定期（一般两三个星期一次）到新开通基站现场进行巡检，现场检测设备运行是否正常，周边环境是否有变化，到站方式是否有变化，如果发现有变化，及时记录并邮件告知相关人员。

4. 工程移交

试运行观察期通过之后，新开通基站管理由工程单位正式移交给建设单位，自此，新开通基站正式投产。工程移交一般分为物料移交与工作移交。

1）物料移交

物料移交一般包括整个工程涉及的相关各类资料（分为电子版和纸质版）、机房钥匙、机房电卡等各项物料移交。

2）工作移交

工作移交包含试运行观察期阶段所有涉及的工作，全部移交给建设单位，此后相关工作由建设单位安排执行。

5. 工程收尾

工程移交完成之后，进入工程收尾阶段。

1）工程决算

工程移交之后进行工程决算，对工程中涉及的所有费用进行最终决算；工程决算完成之后，进行工程最终财务审计。

2）工程整体复盘

工程最终财务审计通过之后，进行工程整体复盘，总结工程过程中相关的经验教训，并形成文档，方便后期查阅，并且可以进行推广。好的经验大家互相交流学习；错误教训，大家认真分析原因，避免后期再犯。

3）工程结束

收集工程各项涉及的资料（包含电子版与纸质版），分类整理好，并分别归档保存。工程正式结束。

小结

本章首先介绍了 5G 室外站点与室内站点的整体架构，并且详细介绍了室内/外站点内部各项设备组成，包含电源与防护设备、传输设备、基站主设备等；还重点介绍了 5G 数字化室分的相关知识及未来的发展趋势。最后介绍了 5G 站点工程流程及每个流程中的具体工作内容。对于 5G 站点建设而言，了解站点各类相关情况是最基础的要求。

第 3 章

5G 站点工程勘察

站点勘察是站点工程的第一个环节，也是站点工程最基础的环节，只有亲身实地进入站点工程地点，才能获取最准确的信息，才能了解工程现场最真实的情况，根据实际情况进行站址选择。勘察信息是后期方案设计时最重要的参考信息，所以勘察一定要认真仔细。

站点勘察也是站点工程中最复杂的一个环节，除了专业技能相关要求之外，还有很多其他方面的要求，比如沟通协调能力、路线规划能力、应急救援能力等。

3.1 勘察工具使用

古人云："工欲善其事，必先利其器。"要想做好勘察，首先就要掌握与勘察相关的工具。不仅需要掌握勘察工具的使用方法，还要做到能根据勘察任务准备对应的工具，并且能检测各类工具是否完整可用，勘察时尽量不携带多余工具，轻装上阵。

3.1.1 勘察工具介绍

站点勘察是为了获取很多信息、资料、指标等，很多相关参数人们无法用肉眼直接观测出来，也无法通过与别人交流获取，需要借助一些工具来获取参数。

一般常用勘察工具有：手持 GPS（必备）、照相机（必备）、激光测距仪（必备）、卷／皮尺（必备）、指南针（必备）、望远镜（可选）、地图（可选）、手电筒（可选）、登山杖（可选）等。必备工具为必须携带的工具，可选工具可根据实际情况选择携带；一些常用工具很简单，易于上手，就不多介绍了，下面介绍几种专业性工具。

3.1.2 手持 GPS

1. 手持 GPS 概述

手持 GPS，如图 3-1 所示，是指可手持使用的 GPS（Global Positioning System，全球定位系统），

是一种具有全方位、全天候、全时段、高精度的卫星应用系统。手持 GPS 可利用定位卫星，在卫星信号范围内进行实时定位、测量、导航，是卫星通信技术在导航领域的应用典范，它极大地提高了信息化水平，有力地推动了数字经济的发展。

2. 手持 GPS 使用

手持 GPS 在勘察中一般用来测量经纬度与海拔，在使用之前，需要先确定 GPS 质量完好，接收卫星信号正常，电量充足；另外，如果涉及一些国外工程,在使用之前,需要确定当地地理归属(东经 / 西经,南纬 / 北纬)。使用时，可按以下流程使用：

1) 环境选择

使用手持 GPS 时，首先进行环境选择，选择一个空旷的环境，头顶及四周不能有阻挡，否则会影响 GPS 接收卫星信号，导致测量结果偏差较大。

2) 数据设置

图 3-1　手持 GPS

手持 GPS 经纬度显示一般有两种，分别为度数显示和数字显示。一般使用的是数字显示，所以需要先设置为数字显示，如果不支持数字显示，则只能先记录度数显示的数据，之后再进行转换。

3) 数据读取

手持 GPS 使用时，由于不同手持 GPS 性能不同，接收卫星信号情况不同，接收到卫星信号越多，测量结果越准确，一般要确认手持 GPS 至少收到三颗卫星信号，测量结果才比较准确。数据读取时，经纬度至少要精确到 0.000 01（小数点后 5 位），海拔精确到 m。数据读取完成后做好记录。

4) 数据核对

第一次测量结束之后，在旁边再挑选两个点进行测试，对比数据结果差距是否正常，确定数据是否准确。也可以使用计算机相关软件，在地图上标出测量经纬度与当前位置是否一致。

3.1.3　指南针

1. 指南针概述

指南针，古代称为司南，是中国古代四大发明之一，如图 3-2 所示。指南针主要组成部分是一根装在轴上的磁针，磁针在天然地磁场的作用下可以自由转动并保持在磁子午线的切线方向上，磁针的南极指向地理南极（磁场北极），利用这一性能可以辨别方向。常用于航海、大地测量、旅行及军事等方面。

指南针以正北方向为 0°，顺时针旋转正东方向为 90°，正南方向为 180°，正西方向为 270°，内部度数均分。

2. 指南针使用

指南针在勘察中一般用来测量天线的方位角。天线方位角指正北方向至天线主覆盖方向的顺时针夹角。在使用之前，需要先确定

图 3-2　指南针

指南针质量完好，指针旋转正常，表盘刻度正常；另外，如果涉及一些场景，在使用之前，需要确定当地是否存在强磁场。使用时，可按以下流程使用。

1）位置选择

使用指南针时，首先进行位置选择，选择暂定的天线安装位置，确认附近没有强磁场或者铁器等影响指南针磁性的物体，进行方位角测量。

2）指针方位校验

测量方位角之前，先进行指针方位确认，把指南针水平放置，确保指针是悬浮在指南针内，旋转指南针使一端指针指向表盘标刻正北方向，确定此时指南针所指方向为正北方向。此时，此端指针为已校验端。

3）方位角测验

指针方位校验完成后，保持水平且指南针指针悬浮，水平旋转指南针，直到指针已校验端指向天线规划主覆盖方向，此时此指针所指方向的表盘刻度，为天线方位角。

4）数据核对

方位角测验完成后，在之前已测量位置与主覆盖方向位置两点形成的直线上，往前或往后移动一些距离，再次进行方位角测量。核对与之前测量结果是否一致。

3.1.4 勘察注意事项

勘察准备时，首先需要确定勘测任务地点，根据勘察任务提前确定好勘察路线。然后根据勘察任务地点情况与当前季节气候情况，准备好相应的勘察工具，如果涉及偏远山区等场景勘察，还需要配备一些应急装备和防虫措施，夏天勘察需要配备防暑物资等，冬天勘察需要配备防寒物资等。如果涉及一些少数民族等区域，还需要注意当地风俗。

勘察时需要穿防滑鞋，严禁穿着拖鞋、短衣短裤，如果需要向导则要提前联系好。另外勘察还需注意天气变化情况。如果在勘察的过程中发现一些危险情况（蛇、马蜂窝、野猪、山灾等），以保证人身安全为第一要务，立即停止勘察，远离危险后及时上报情况，待相关人员处理危险情况之后再进行勘察。

3.2 勘察记录表

站点勘察的目的，就是为了勘察出基站的重要信息，根据当地运营商的要求，形成表格形式汇报，作为后续其他工作的参照。勘察记录表是后期方案设计最重要的参考资料，所以勘察记录表的重要性不言而喻。

室外站点和室分站点结构不同，机房内勘察信息基本一致，机房外信息差别较大。各地运营商对勘察记录表要求的表现形式略有不同，但勘察相关信息需求大同小异。

3.2.1 勘察记录表简介

勘察记录表一般分为室外站点和室内站点，由于室外站点和室内站点结构不同，所以对应勘察记录表内容也有不同。

室外站点勘察记录表内容一般包含基本信息、电源信息、传输信息、机房信息、塔桅信息、天线信息、拍照记录。

室内站点勘察记录表内容一般包含基本信息、电源信息、传输信息、机房信息、设备信息、拍照记录。

设备的标签应贴在设备的显眼处，且不影响整体环境的统一协调性，以保持整体美观。主机、电源必须加挂警示牌。

3.2.2　基本信息

室外站点和室内站点的勘察记录表都需要包含基本信息，不过基本信息的具体内容有一定差别。

室外站点对于基本信息的要求一般基于建筑物本身的一些信息，比如行政归属、详细地址、经度、海拔、层高、天面长度、女儿墙材质等，如图 3-3 所示。

由于室分站点主要覆盖区域为室内，所以基本信息相对室外站点会详细一些，在室外站点基础上，增加了覆盖区域的详细信息，比如楼宇栋数（如果较多需要仔细描述）、裙楼塔楼信息、裙楼层数、电梯等信息，如图 3-4 所示。

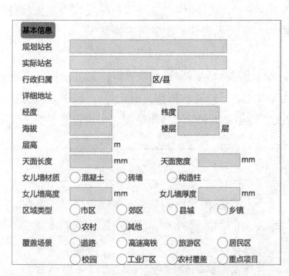

图 3-3　5G 室外站点基本信息

图 3-4　5G 室内站点基本信息

3.2.3　机房信息

室外站点与室内站点机房信息内容基本一致，一般包含机房类型、机房所在楼层、机房尺寸、机房门尺寸、机房窗尺寸，如图 3-5 所示。

图 3-5　5G 站点机房信息

3.2.4　电源信息

室外站点与室内站点电源信息内容基本一致，一般包含引入类型、引入距离、设备使用电源情况。由于室分站点设备类型较多，一般室分站点需要区分多种设备的电源信息，如图 3-6 所示。

图 3-6　5G 站点电源信息

3.2.5　传输信息

室外站点与室内站点传输信息内容基本一致，一般包含上游机房、传输引入距离。如果是利旧传输，则不需要考虑传输引入信息，如图 3-7 所示。

图 3-7　5G 站点传输信息

3.2.6　塔桅信息

塔桅一般用来安放天馈设备，覆盖室外区域，所以只有室外站点需要勘察塔桅信息，室内站点不需要。塔桅信息一般包含塔桅类型、塔桅高度。如果是利旧塔桅，则需要考虑塔桅高度及当前安装情况是否满足新设备安装，如图 3-8 所示。

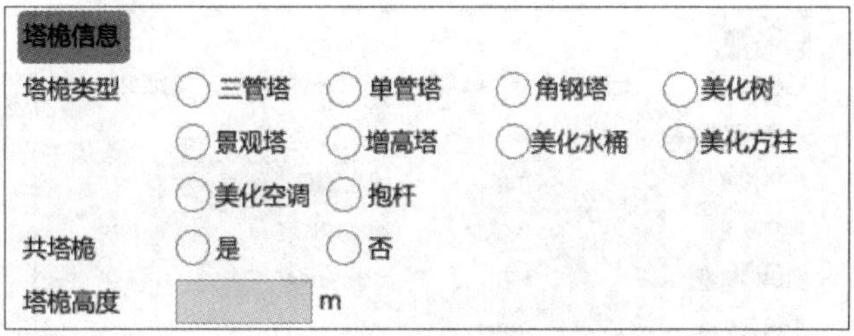

塔桅信息

塔桅类型	○ 三管塔	○ 单管塔	○ 角钢塔	○ 美化树
	○ 景观塔	○ 增高塔	○ 美化水桶	○ 美化方柱
	○ 美化空调	○ 抱杆		
共塔桅	○ 是	○ 否		
塔桅高度	____ m			

图 3-8　5G 站点塔桅信息

3.2.7　主设备信息

基站主设备一般包含基带设备与射频天馈设备，室外站点与室内站点的基带设备一样，由于室外站点与室内站点覆盖区域场景不一样，所以需要使用的覆盖相关的射频天馈设备不一样。

室外站点设备主要用于覆盖室外，一般包含天线类型、天线挂高、天线数量、天线方位角、天线下倾角等关键信息。可以用来计算室外信号覆盖情况，如图 3-9 所示。

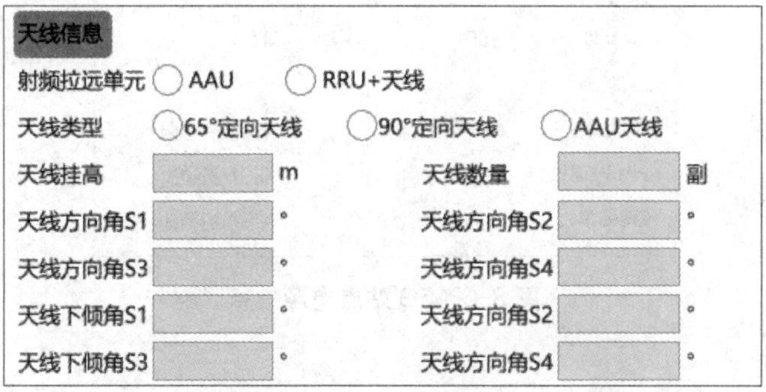

天线信息

射频拉远单元	○ AAU	○ RRU+天线		
天线类型	○ 65°定向天线	○ 90°定向天线	○ AAU天线	
天线挂高	____ m		天线数量	____ 副
天线方向角S1	____ °		天线方向角S2	____ °
天线方向角S3	____ °		天线方向角S4	____ °
天线下倾角S1	____ °		天线方向角S2	____
天线下倾角S3	____ °		天线方向角S4	____

图 3-9　5G 室外站点主设备信息

室内站点设备主要用于覆盖室内，一般包含覆盖方式、各类设备安装位置及安装方式、设备数量等信息，如图 3-10 所示。

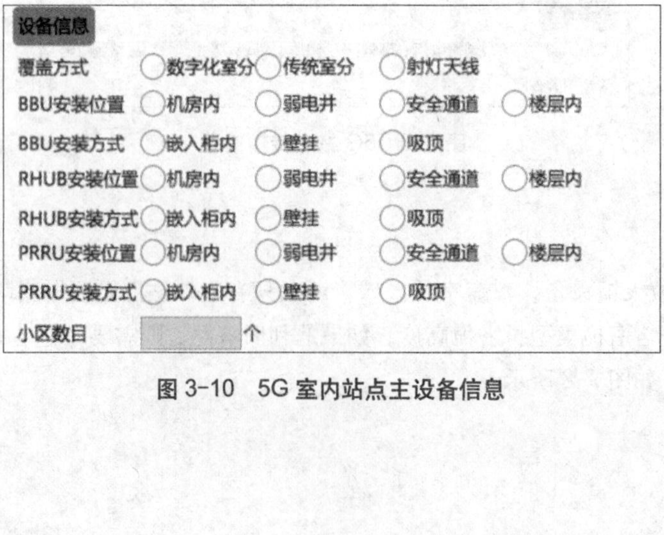

设备信息

覆盖方式	○ 数字化室分	○ 传统室分	○ 射灯天线	
BBU安装位置	○ 机房内	○ 弱电井	○ 安全通道	○ 楼层内
BBU安装方式	○ 嵌入柜内	○ 壁挂	○ 吸顶	
RHUB安装位置	○ 机房内	○ 弱电井	○ 安全通道	○ 楼层内
RHUB安装方式	○ 嵌入柜内	○ 壁挂	○ 吸顶	
PRRU安装位置	○ 机房内	○ 弱电井	○ 安全通道	○ 楼层内
PRRU安装方式	○ 嵌入柜内	○ 壁挂	○ 吸顶	
小区数目	____ 个			

图 3-10　5G 室内站点主设备信息

3.2.8　拍照记录

勘察的时候，对重要信息需要进行拍照留档。室外站点与室内站点拍照要求大体相同，一般需要拍摄环境照、覆盖区域、建筑物、机房、设备安装等位置照片。

室外站点设备一般安装在机房内，或者塔桅等位置；覆盖区域一般为天线主覆盖方向；环境照是指以机房为中心的八个方向照片。需要对这些区域拍照记录，如图 3-11 所示。

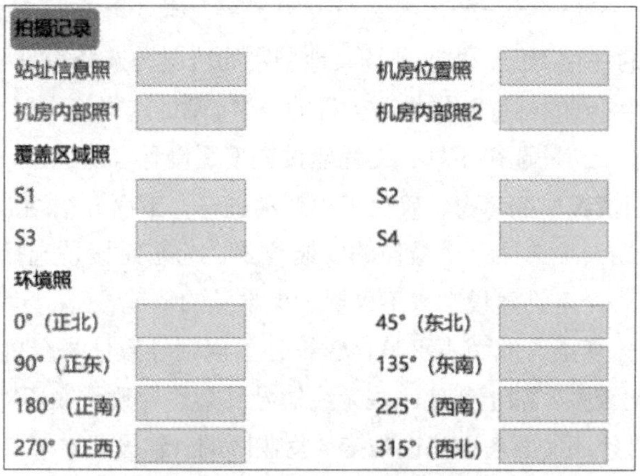

图 3-11　5G 室外站点拍照信息

室内站点设备一般安装在机房内，或者室内弱电井等位置；覆盖区域一般为建筑物内部区域；环境照是以建筑物为中心的八个方向照片。需要对这些区域拍照记录，如图 3-12 所示。

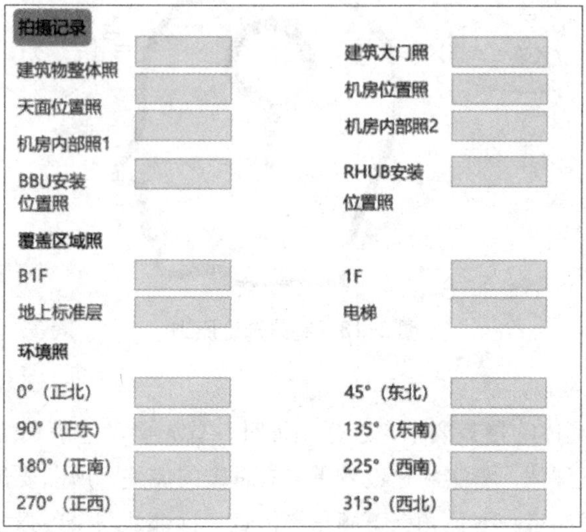

图 3-12　5G 室内站点拍照信息

3.2.9　设备利旧

站点勘察的时候需要考虑利旧信息，利用一些原有设备可以加快工程进度并且节省成本，还能提高原有设备资源的利用率。在满足建设要求的情况下，尽量多考虑利用原有设备。

设备利旧一般分为机房利旧、塔桅利旧、接地利旧、电源及防护利旧、传输利旧、基带设备利旧、天馈利旧等。勘察时可以根据建设要求，考虑如何使用利旧设备与新建设备相结合，在节省建设成本的情况下加快工程进展。

3.3 站点选址

站点选址是非常重要的一项工作，根据现场实地勘察的情况，选择最符合工程建设要求的站址。

好的开始是成功的一半，好的站址是信号覆盖好的一半，站址选得好，基站工程建设进展就会顺利，后期维护与优化也轻松简单；站址选得不好，工程建设进度缓慢且容易遇阻，后期维护与优化也繁杂。所以站点选址要综合各方面情况仔细考虑，确保工程顺利进行。下面介绍站点选址原则。

基站选址主要是为基站天线选择一个最佳的安装位置，为基站设备选择一个最好的放置位置，这是一项复杂而困难的工作。一个基站建设起来不仅要考虑本站的情况，还需要考虑对周边其他站的影响。

首先因为地理环境比较复杂，地面不平整，建筑物不规则导致信号覆盖不均匀；其次是要避免干扰，现在各种制式的网络比较多，加上其他一些无线信号混杂，导致无线环境十分复杂，除了系统内干扰还要考虑系统外干扰，另外还需要考虑建设难度、物业协调、建设成本等其他一系列因素，如图 3-13 所示。

图 3-13　基站选址原则

1. 覆盖

基站建设需求都会有具体的覆盖要求，选择站址时，首先要考虑满足信号覆盖需求及用户分布。选址时只能做覆盖模型仿真评估，与实际建设效果会有一定的偏差，所以要预留好一部分可调整空间。在此基础上需要考虑好天线高度、方位角、下倾角等信息，这都是与覆盖强相关的信息。尽量让用户处于覆盖中心位置，信号强，能有更好的业务体验。

2. 干扰

在站点选址的过程中需要测试现场的干扰情况。由于干扰对无线通信各项业务都有很强的影响，所以在选址的时候就需要避免干扰。基站选址时一定要远离大功率无线电发射台、大功率电视发射台、大功率雷达站和具有电焊设备、X 光设备或生产强脉冲干扰的热合机、高频炉以及高压电线等高干扰源，尽量选择无干扰或者干扰较少的地方作为站址。

3. 地理

站点选址中需要重点考虑地理情况，天线高度需要高于周边建筑物，在水平方向上，应保证 150 m 内，拟定天线指向各 30° 方向无建筑物的阻挡，避免信号被建筑物阻挡。另外，基站不能选在地势低洼易积水或易塌方的地方，并且远离易燃易爆及腐蚀性物品，远离地质灾害区（洪水、泥石流等），尽量避免雷击区，与加油站、加气站保持 20 m 以上距离。如果在机场、高铁、核电站、部队驻点等附近建站，还需要征求相关部分意见，获批后才可以建站。

4. 配套

站点选址中一定要考虑好配套情况，之后建设过程与后期的优化维护都可以非常便捷。比如交通方便可以提高建设及维护的速度；供电稳定可以保证基站稳定运行；环境安全能减少设备被盗或其他损害；协调简单可避免引起一些其他问题。

5. 成本

站点选址中需要考虑建设成本，在满足建设情况的条件下，尽量利用的已有资源，节省成本，提高建设效率。

小结

本章首先介绍了 5G 站点勘察所涉及的相关工具，对手持 GPS 与指南针及其使用进行了详细介绍。其后介绍了室外站点与室内站点勘察记录表及相关信息，并对各类信息的具体内容进行了详细的介绍。最后对站点选址进行了介绍，并且重点介绍了各类机房塔桅的建设要求。通过实地站点勘察，可以得出最真实准确的信息，选择最合适的站址，并且为后期设计提供最完善的参考资料。

第4章

5G 室外覆盖系统设计

站点设计是工程中最关键的环节，设计方案直接决定了工程预算与工程实施，一份好的设计方案是站点工程顺利完成的重要条件。

一般情况下，室外站点数量在网络中超过70%，覆盖了所有的室外需要覆盖的区域与一部分室内区域，所以说室外覆盖站点是5G网络室外覆盖的主体，并且承担了一部分室内覆盖的任务。为满足各项关键技术，5G网络对容量的要求远远高于4G，为了覆盖同样的区域，需要5G站点的数量也远远大于4G站点的数量。因此，合理设计每个站点，分配好相关资源是重中之重。

4.1　机房设计

机房设计是设计开始的基础工作，室外站点的大部分设备都需要布置在机房内，机房设计的好坏对后续的设备布放等有直接影响。所以机房设计是非常重要的一项内容，需要从最开始就要考虑到各个方面。

4.1.1　机房整体设计

机房整体设计是机房设计的第一部分，在开始进行设计的时候，需要根据勘察结果，考虑好机房的设备配置等各种情况，综合考虑周全之后，进行机房整体设计。机房整体设计完成之后，再进行其他方面的设计。

1. 机房类型与位置

一般在满足建设规划需求的前提下，如果有可用的利旧机房，优先选择使用利旧机房，因为利旧机房的电源配套等设备已经建设完成，可以利旧共用，节省建设成本，加快建设进度。如果没有合适可用的利旧机房，考虑设备容量是否可以使用一体化机柜。如果不能使用一体化机柜，考虑是否有满足条件的租赁机房可用。如果没有就只能选择新建机房，具体流程如图4-1所示。

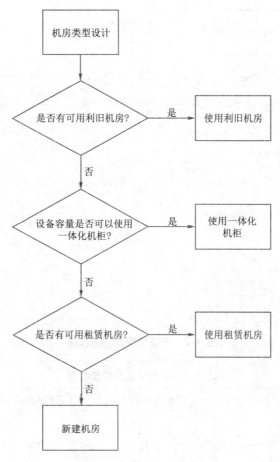

图 4-1 机房类型设计流程图

如果选择利旧机房或者租赁机房，机房的位置已经固定不变。如果选择一体化机柜，可以考虑塔桅位置就近安装，方便布线。如果是其他类型的新建机房，需要考虑机房建设位置。具体流程如图 4-2 所示。

新建机房时，需要首先考虑站点选址位置为地面还是楼顶，如果是楼顶站并且楼顶地面承重允许的情况下，建设彩钢板机房。如果是地面站，则根据当地土质、安全性、成本、工期等因素，综合决定建设土建机房或彩钢板机房或集装箱机房。

一般土建机房安全性较好，但成本较高，工期较长；而彩钢板机房成本较低，工期较短，但是安全性一般。

2. 机房尺寸

如果选用利旧机房或租赁机房，机房尺寸已经固定，无法变动。如果选择建设土建机房或彩钢板机房或集装箱机房，需要根据站点建设容量及使用设备考虑，确定机房尺寸。

一般情况下，建议使用标准的机房尺寸，具体情况见表 4-1。如果由于一些特殊情况，标准尺寸无法满足建设要求，也可以根据特殊要求进行设计，尽量使用矩形平面，平面布置合理。

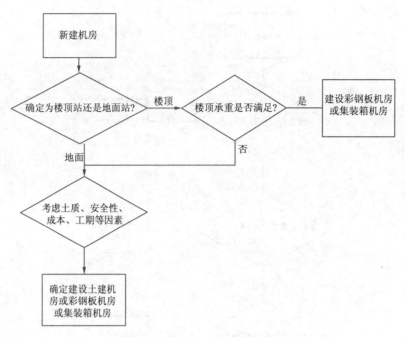

图 4-2　新建机房设计流程图

表 4-1　机房标准尺寸参考表

序号	机房类型	机房内净尺寸/m×m	机房内净面积 /m²	机房内净高度
1	土建机房	5×4	20	建议 3 m，不低于 2.8 m
2	土建机房	5×3	15	
3	彩钢板机房	5.7×3.8	21.66	建议 2.8 m
4	彩钢板机房	4.85×2.85	13.82	
5	一体化（集装箱）机房	5.7×2.1	11.97	建议 2.6 m
6	一体化（集装箱）机房	2.7×2.1	5.67	

　　不论使用哪种新建机房，机房室内外高度差宜设为 0.30 m，可根据建设地点防汛水位及地形情况以 0.15 m 为模数酌情调整，但不得低于 0.15 m，并有不小于 0.2% 的排水坡度，且应考虑出水的通畅。

4.1.2　柜位及馈线窗设计

1. 柜位设计

　　如果选择利旧机房，柜位及馈线窗已固定建设完成。如果选择租赁机房或者新建机房，需要进行柜位及馈线窗设计。

　　机房柜位设计时，一般默认机柜标准尺寸的长 × 宽 × 高为 600 mm×600 mm×2 000 mm；考虑到机柜设备需要保持散热，柜位设计时优先选择居中位置，便于散热并且方便维护；为了方便走线，柜位设计时一般需要根据机房方位呈行或者呈列整齐设计。

2. 馈线窗设计

馈线窗设计时，首先需要考虑塔桅的位置，如果是单管塔等集中塔桅，馈线窗尽量正对塔桅；如果是抱杆等分散的塔桅，馈窗位置综合考虑，尽量缩短走线距离，减少走线扭转弯折。一般情况下禁止把馈线窗设在机房顶面，馈线窗一般最好与整排柜位平行对应，方便走线。馈线窗馈孔设计时，一般行数 × 单行孔位数有 2×2、2×3、3×3、3×4 等几种情况，可根据设备数量情况进行选择。一般情况下，建议馈线窗下沿高度为 2 400 mm，可以根据实际情况进行调整，但不能低于 2 200 mm。

一般情况下，机房柜位及馈线窗设计时要根据机房位置及塔桅位置综合考虑，满足需求的情况下，缩小走线距离，节省建设成本。

3. 标准建议

如果新建机房使用标准机房尺寸，建议按以下标准布局图进行柜位与馈线窗设计，具体情况如图 4-3 ～图 4-8 所示。

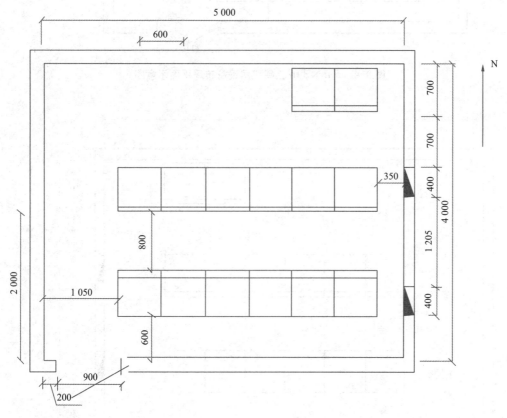

图 4-3　5 m×4 m 土建机房设备布局平面示意图

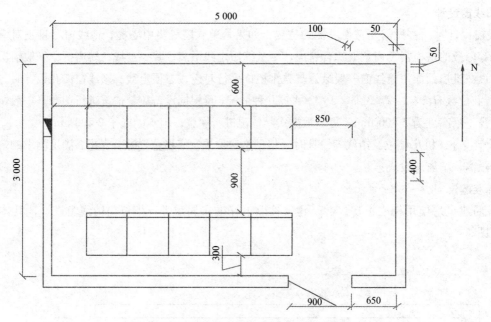

图 4-4　5 m×3 m 土建机房设备布局平面示意图

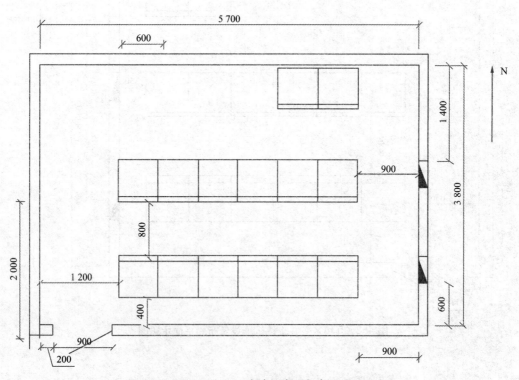

图 4-5　5.7 m×3.8 m 土建机房设备布局平面示意图

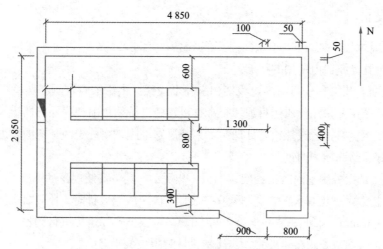

图 4-6   4.85 m×2.85 m 土建机房设备布局平面示意图

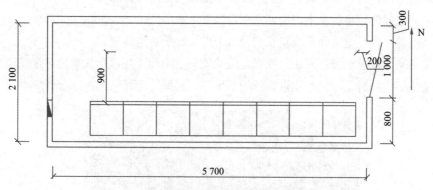

图 4-7   5.7 m×2.1 m 土建机房设备布局平面示意图

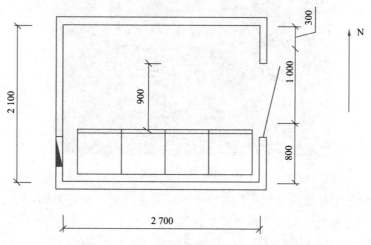

图 4-8   2.7 m×2.1 m 土建机房设备布局平面示意图

4.1.3　走线架设计

走线架又称电缆桥架，是机房专门用来走线的设备，指进入机房后通过走线架布放光缆、电缆进入终端设备，用于绑扎光缆、电缆用的铁架。

走线架一般根据安装位置分为室内走线架和室外走线架。由于安装位置、环境不同，走线架材质也有区别。室内走线架主要采用优质钢材或铝合金材料，经过抗氧化喷塑或镀锌烤漆等表面处理方式。室外走线架主要采用钢材料，经过热镀锌处理；如果是严寒地区，室外走线架还需要进行防寒、防冻处理，或使用具备防寒、防冻能力的钢材。

室内走线架主要是指机房室内的走线架，如图 4-9 所示，具体安装规范如下：

（1）走线架安装方式一般有水平安装与垂直安装，室内走线架设计时，一般默认使用单层走线架，默认走线架宽度为 400 mm，水平安装高度为 2 400 mm，可根据实际情况进行调整。

（2）由于机房走线规范要求横平竖直，走线架设计时也应横平竖直。

（3）水平走线架应连接机房两侧墙壁，垂直走线架应连接设备走线位置与水平走线架。

（4）水平走线架设计时，首先需要对接馈线窗，走线架高度与馈线窗下沿一致。

（5）机房需要走线的设备位置上应设计水平走线架。

（6）蓄电池组等室内垂直走线距离较长的设备旁应设计垂直走线架。

（7）走线架两端需设计加固件固定，根据走线架规格，中间还应设计托架固定件等进行固定。

（8）室内走线架设计时，在满足建设要求的情况下，可缩短走线架距离，节省成本。

图 4-9　室内走线架

室外走线架一般是指从馈线窗到塔桅等位于室外的走线架，如图 4-10 所示。根据需求进行设计（非必须），设计时一般也是默认使用单层走线架，默认走线架宽度为 400 mm，水平安装高度为 2 400 mm，可根据实际情况进行调整；室外走线架设计时需要考虑塔桅情况。

图 4-10　室外走线架

（1）如果室外塔桅引入线缆位置低于馈线窗，可直接设计走线架；如果室外塔桅引入线缆位置高于馈线窗或与馈线窗水平位置一致，设计室外走线架时需要预留避水湾的位置。

（2）如果是分散性塔桅，室外走线架需要设计从馈线窗至每一个塔桅位置；如果是集中性塔桅，设计室外走线架时，设计好从馈线窗至塔桅线缆引入位置即可。

（3）走线规范要求横平竖直，室外走线架设计时也应保持横平竖直。

（4）走线架设计时需保持水平或者垂直，不能倾斜。

（5）走线架两端需设计加固件固定，根据走线架规格，中间位置还需设计托架固定件等进行固定。

（6）室外走线架设计时，在满足建设要求的情况下，可缩短走线架距离，节省成本。

4.1.4　电源引入设计

根据 YD/T 1051—2018《通信局（站）电源系统总技术要求》，5G 通信站点的基础电源分为直流基础电源与交流基础电源两种。直流基础电源是指向各种通信设备提供直流供电的电源，交流基础电源是指由市电或者发电机提供的交流电。一般情况下，电源引入设计都属于交流基础电源。

根据 YD/T 1051—2018 规定，市电可以分成四类，具体情况见表 4-2。

表 4-2　市电类型

市电类型				
技术要求	一类市电	二类市电	三类市电	四类市电
引入方式	引入两个备用电源，并且都配备备用电源	从两个独立电源组成的环形电网上引入一路，或从一个稳定可靠的电源引入一路	从一个电源引入一路	从一个电源引入一路，经常存在短时间停电，或者存在季节性长时间停电
平均月故障次数	小于 1 次	小于 3.5 次	小于 4.5 次	无
平均每次故障持续时间	小于 30 min	小于 6 h	小于 8 h	无
年不可用度	小于 6.8×10^{-4}	小于 3×10^{-2}	小于 5×10^{-2}	大于 5×10^{-2}

年不可用度 = 不可用时间 ÷（可用时间 + 不可用时间）。

各类站点引入市电类型见表 4-3。

表 4-3 各级局站市电引入要求

站点分类	一类局（站）	二类局（站）	三类局（站）	四类局（站）
引入市电类型	一类市电	具备条件引入一类市电，不具备条件引入二类市电	具备条件引入二类市电，不具备条件引入三类市电	就近引入稳定可靠的 380 V 电源，如果没有 380 V 可换成 220 V

5G 基站站点，属于四类局（站），正常情况下根据表 4-3 要求就可以。如果 5G 站点位于偏远地区，无市电电源，引入市电电源也很复杂的情况下，可以直接给站点配备发电机。根据现场情况，采用水力、风力或者太阳能作为发电机的输入电源。

电源引入除了电压要求之外，还有其他一些要求，具体情况见表 4-4。

表 4-4 站点机房市电电源引入要求

通信设备电源波动范围	其他设备电源波动范围	电压波形正弦畸变率	标准频率	频率波动范围
-10%~+5%	-15%~+10%	≤ 5%	50 Hz	±4%

表 4-4 的电源参数要求是对于市电引入而言的，如果机房内设备有更高的电力指标要求，还需要增加稳压设备。

4.1.5 传输引入设计

1. 传输拓扑位置设计

传输引入设计时，首先根据网络整体的传输拓扑情况与站点地理位置，设计站点的传输拓扑位置、上游传输引入点位置、同级与下游接入位置。

一个城市的传输机房分为四类，具体情况如图 4-11 所示。接入机房为最下游的传输末端节点，承载中心机房为最上游市传输中心，再往上连接省传输骨干网。

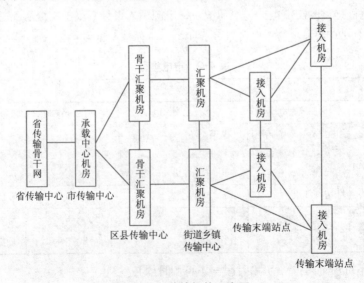

图 4-11 传输拓扑示意图

一般情况下，5G 站点机房传输等级对应为接入机房或者汇聚机房，有时也可以就近连接骨干汇聚机房或承载中心机房。具体根据站点位置与网络拓扑情况综合决定。

2. 传输带宽、路由数、端口数设计

传输拓扑位置设计完成之后，进行传输带宽、路由数、端口数设计。

（1）传输带宽设计时首先根据本站点规划配置的容量情况，计算出本站点所需的带宽，并且预留一部分带宽预留比，以备后期的扩容。

然后计算同级与下游相关站点的带宽，根据拓扑位置，确定与本站点相连接的同级站点与下游站点的情况，然后计算出这些站点的带宽，并且预留一定的带宽，然后求和。如果本站点为传输末端站点并且不与同级站点相连接，可以直接跳过本步骤。

最后，把之前两步的结果相加，可以得出传输带宽需求。

（2）传输路由数设计时，一般按当前所需计算，计算与本站相连接的上游、同级、下游站点的数量，求和可得传输路由数需求。

（3）传输端口数设计时，先计算本站内部的端口数需求，然后计算与本站相连接的上游、同级、下游站点的端口数需求，求和可得传输端口数当前需求，然后根据拓扑设计规划情况计算所需预留的端口数，最后统一求和可以计算出传输端口数需求。

3. 传输路由设计

传输带宽、路由数、端口数设计完成之后，进行传输路由设计。

传输路由设计时首先根据上一步计算的结果，确定需要设计的路由数，以及每一条路由对端的位置及路由带宽。

传输路由设计时，需要设计每一条路由的引入方式。

传输路由引入方式一般分为三种类型：架空光缆引入、管道光缆引入、墙壁光缆引入。

（1）架空光缆是架挂在电杆上使用的光缆。架空光缆敷设方式可以利用原有的架空明线杆路，节省建设费用、缩短建设周期。架空光缆挂设在电杆上，要求能适应各种自然环境。由于架空光缆不够美观并且影响市区建设，架空光缆一般用于郊区或偏远地区站点。

（2）管道光缆是在管道里布放的光缆，设计之前需要先敷设好管道。现在市区很多地方建设时，已经预埋了线缆管道，可以很方便地使用，所以一般多用于市区站点。

（3）墙壁光缆是布放在墙壁上，需要有连续的建筑物才可以布放，一般应用于普通郊区。

传输路由设计时，在满足国家规定与建设要求的情况下，根据具体情况进行设计，尽量选择施工方便、工期较短、成本较低的方案。

4.2　机房设备布放设计

机房内部空间是有限的，设计时要考虑如何在有限的空间内，合理运用资源，既要满足设备运行需求，又要施工方便；既要满足当前的需求，又要考虑后期的网络发展。机房内设备类型多种多样，设计时如何做到最优方案，是一项非常复杂的工作。

4.2.1　机房设备整体规划

机房设计完成之后，进行机房设备布放设计。首先需要进行机房设备整体规划。机房设备整体规划时，首先需要确定机房内部净空间大小尺寸与设计需求，结合之前的规划结果，确定机房所需的各类设备具体的型号、数量、具体尺寸及安装方式，一般包含电源及防护设备、传输设备、基站主设备、配套设备。

1. 电源及防护设备规划

电源及防护设备规划时需要重点统计机房所有涉及接电与接地设备的情况，按照长远考虑，在满足当前需求的情况下，预留一定的容量以备后期扩容。

电源及防护设备规划一般包含接地排、防雷器、交流配电箱、电源柜、蓄电池组、配电盒与监控设备。

（1）接地排规划时，考虑机房所有设备的接地端口需求，确定接地所需的总接地端口数量及位置，选择合适的接地排。一般情况下室外设备统一一个接地排，室内设备统一一个接地排，由于室内接地设备较多，接口数量需求大，综合柜内会设计一个柜内地排，综合柜内设备接入柜内地排，再由柜内地排接入室内排。蓄电池可与抗震架统一接地或与电源柜统一接地，电源柜内设备统一接地。

（2）防雷器规划时，首先考虑当地的雷暴日（一天之中打雷次数超过一次，当天为雷暴日）情况及雷区归属（见表 4-5，具体情况需要详细查询），根据雷暴日情况，结合站点安装位置（山顶、楼顶、地势较高的区域），规划基站防雷器的型号。

表 4-5　中国雷区分布

区域	雷区类型	标准年均雷暴日
西北地区	少雷区	25 天及以下
长江以北区域（除西北区域）与台湾省	中雷区	25 ～ 40 天
长江以南区域（除雷州半岛、海南省、台湾省）	多雷区	40 ～ 90 天
雷州半岛与海南省	强雷区	90 天以上

（3）交流配电箱一般要满足市电引入电源的配置，并且具备两路电源输入，技术参数满足机房需求，端口数满足连接设备需求（空调与照明），并且按规定保留一定余量。

（4）电源柜规划时需要考虑每个供电设备的具体需求，全部需要满足，包含电压、电流参数，一次下电与二次下电端口数，并且具备整流、变压、稳压功能；电源柜内部还需要配置浪涌保护器。

（5）蓄电池组规划时，考虑基站内部设备供电需求，一般情况下蓄电池容量要求能对基站所有设备供电 2 ～ 6 h，并且对传输设备供电 24 h。根据容量的要求确定蓄电池的类型与数量。

（6）配电盒规划时，考虑需要 BBU 与 AAU 的规划数量与电压、电流要求，端口数及技术参数要满足，并且预留一定的端口数余量，以备后期扩容。

（7）监控设备一般为一整套，包含视频监控、门禁监控、烟雾监控、温度监控、湿度监控、水淹监控、电源监控等。

2. 传输设备规划

5G 站点传输设备规划一般包含 SPN、ODF、OTN。

（1）SPN 规划时，考虑本站容量与端口需求，并且预留一定的容量，再结合之前传输引入设计时，本站点在网络架构中的传输拓扑位置，以及上游、同级、下游每条路由的容量需求与距离，设计 SPN 的类型、板卡对应速率及端口数以及光模块支持的传输距离（普通光模块支持 40 km，超长距离光模块最大支持 120 km）。

（2）ODF 规划时，只需要确定端口数，一般考虑 SPN 的端口数与引入光缆的端口数即可，留有一定的余量。

（3）OTN 目前站点机房一般不使用，如果 SPN 的单条路由传输距离超过 120 km，或者上游机房至本站传输时经过 OTN，本站需要使用 OTN。如果有路由使用 ONT，那么这条路由的两端机房都需要使用 OTN。

3. 基站主设备规划

5G 室外站点基站主设备规划一般包含 AAU、BBU、GPS 天线。

（1）AAU 规划时，首先确定站点类型，是独立 5G 还是与其他网络共用，然后考虑安装方式与安装位置。根据规划的覆盖范围与容量，确定 AAU 的发射功率与容量带宽，根据规划确定数量。

（2）BBU 规划时，首先确定站点类型，是独立 5G 还是与其他网络共用。根据需要支持的网络确定板卡类型；根据 AAU 的端口类型与数量，规划基带板卡所需端口，BBU 板卡数量、类型要与 AAU 匹配。根据基站整体容量，规划主控板类型，一般情况下，主控板速率需要大于基带板，并且与 SPN 的板卡端口速率一致。

（3）GPS 天线规划时，需要配置避雷器。另外，如果特殊情况下，规划安装位置接收卫星信号不太好，需要更换为加强型 GPS。

4. 配套设备规划

5G 站点配套设备规划一般包含综合柜、空调、灭火器、梯子、清洁工具、发电机（可选）。

（1）综合柜规划时，首先需要确定主设备与传输设备类型，根据其具备配置，确定综合柜数量与类型。

（2）空调规划时，首先确定基站内所有设备的运行温度范围要求以及功率发热参数，结合机房内部净空间体积，选择合适的空调。

（3）灭火器规划时，根据 GB 50140—2005《建筑灭火器配置设计规范》要求，配备两台二氧化碳灭火器，严禁配备泡沫型灭火器与水型灭火器。

（4）梯子规划时，根据机房内部高度与塔桅天馈高度，配备高度合适的梯子，如果梯子过长，可以选择人字形或者折叠型。

（5）清洁工具规划时，机房应配备一套清洁工具，包含扫把、簸箕、干拖把、垃圾桶、干抹布等。

（6）发电机规划时，根据机房的具体情况选择是否需要，根据现场环境选择发电机动力源。

4.2.2 电源及防护设备设计

1. 接地设计

接地设计时，首先确定接地类型，接地一般分为就近接地与新建接地。站点站址位于一些大型建筑物附近时，建筑物本身已有接地系统，站点接入建筑已有接地系统为就近接地。站点站址位于偏远地区，或者位于郊区且附近没有接地系统，只能新建接地系统再进行接入，属于新建接地。

就近接地时，根据已有接地系统安装情况，结合 AAU 天线规划安装位置，设计室外接地排的安装位置，设计时尽量缩短接地线缆距离。设计室内接地排时，首先确定机房位置，机房墙内有无接地点，如果有可以直接使用；如果没有，需要找到最近的接地点设计接地母线引入机房。室内接地排一般设计于水平走线架正下方，柜内地排设计于机柜底部。

新建接地时，接地网一般位于机房或塔桅的下方地下，首先需要设计接地母线引入点，接地母线引入点一般设计在馈线窗正下方立面墙体内，接入点内侧与外侧可以同时安装室内接地排与室外接地排。根据需求也可以考虑在综合柜下方地面内设置接地母线引入点，如果综合柜底部有接地母线引入点，柜内地排直接连接接地母线引入点，不需要再额外连接室内地排；如果综合柜底部没有接地母线引入点，柜内地排需要再额外连接室内地排。

接地排接线端子使用时，一般都是面对接地排接线端子，按从左至右的顺序使用。

2. 防雷器

防雷器安装位置设计时，需要根据电源引入点位置设计。一般情况下，电源引入点都位于有机房门的立面墙位置，所以防雷器也壁挂安装在有机房门的立面墙上。如果电源引入点在其他墙面，防雷器就壁挂安装于其他墙面。非特殊情况，不建议调整市电引入点。

3. 交流配电箱

交流配电箱安装位置设计时，与防雷器一样，都需要根据电源引入点位置设计。一般情况下，电源引入点在哪个墙面位置，交流配电箱就壁挂安装于此墙面。非特殊情况，交流配电箱与防雷器必须在一个墙面。

4. 蓄电池组

蓄电池组设计时，一般位于机房内侧墙边以落地安装形式布置，如果有多组蓄电池组，需要放在一起。由于蓄电池组质量很大，一般需要配合抗震架一起设计；蓄电池安装的位置需要设计垂直走线架。

5. 电源柜

电源柜设计时，需要综合考虑交流配电箱与蓄电池组的位置，选择位于交流配电箱与蓄电池组的中间的柜位。因为电源柜与交流配电箱与蓄电池组之间的电流是最大的，所以需要使用线径较大的电源线，成本很高。

电源柜接线端子使用时，一般都是满足电流需求的情况下，面对电源柜接线端子，按从左至右的顺序使用。

6. 配电盒

配电盒设计时，由于配电盒一般接入电源柜的一次下电，所以需要考虑电源柜的位置。配电盒一般与 BBU 安装在同一个地方，安装方式有壁挂安装（嵌入壁挂机框）与嵌入落地式柜内安装两种。一般在机房内空间满足的情况下，优先采用嵌入落地式柜内安装。

配电盒接线端子使用时，一般都是满足电流需求的情况下，面对电源柜接线端子，按从左至右的顺序使用。

7. 监控设备

监控设备设计时，需要根据监控类型考虑监控设备的设计位置。

电源监控一般位于防雷器与电源柜两个位置，监控市电引入情况与电源柜情况。

烟雾监控一般位于机房内顶部中心位置，吊顶安装。

视频监控一般位于离开门位置最远与最近的两个墙角顶部，斜向往下监控机房内情况。根据机房实际情况还可以增加视频监控布放位置。

门禁监控一般位于机房大门位置，如果机房存在馈线窗外的其他窗户，也需要安装门禁监控，防止不法分子破窗而入进行盗窃。

温度与湿度监控一般是同一设备，安装于离空调最远与最近的立面墙位置（不允许安装于空调正对吹风的位置），监控机房内温度与湿度情况。

水浸监控一般安装于机房大门位置地面上，根据实际情况也可以增装于馈线窗或其他窗户下方地面上。

4.2.3 传输设备设计

1. SPN

SPN 设计时，首先考虑 SPN 的类型。SPN 分为大、中、小三种。大型 SPN 需要独立落地式机柜安装，中型 SPN 需要嵌入落地机柜安装，小型 SPN 一般有壁挂安装（嵌入壁挂机框）与嵌入落地式柜内安装两种方式。一般机房使用小型 SPN，如果机房同级与下挂站点较多，会使用中型 SPN。设计时根据机房实际情况考虑安装位置，如果机房空间允许，小型 SPN 优先使用嵌入落地式柜内安装。

中型 SPN 体积较大，一般要占用半个综合柜位置，一般只与 ODF 装在同一机柜；小型 SPN 体积较小，可以与 BBU、ODF、配电盒等一起装在一个综合机柜内。

2. ODF

ODF 设计时，一般有壁挂安装（嵌入壁挂机框）与嵌入落地式柜内安装两种方式。根据 ODF 的大小，一般都是优先嵌入柜内安装，并且与 SPN 为同一机柜。

3. OTN

OTN 设计时，一般需要独立落地式机柜安装，设计时一般在 SPN 与 ODF 旁边，方便走线。

4.2.4 基站主设备设计

基站主设备设计一般包含 BBU、GPS 天线、AAU。这里主要介绍 BBU 与 GPS 天线，AAU 放在天馈部分介绍。

1. BBU

BBU 设计时，一般有壁挂安装（嵌入壁挂机框）与嵌入落地式柜内安装两种方式。根据机房具体情况，一般都是优先嵌入柜内安装。

2. GPS 天线

GPS 天线设计时，需要考虑 GPS 接收信号情况，设计在空旷位置，四周无遮挡，无强电强磁干扰。一般情况下，如果机房顶无遮挡，一般设计在机房顶部位置；如果机房顶存在遮挡，就近选择合适的地方进行设计。

4.2.5 配套设备设计

1. 综合柜

综合柜设计时，根据机房具体情况与传输设备类型，一般设计在电源柜旁边，方便走线。

2. 空调

空调设计时，一般设计在机房内侧，并且配有三相电插座，并且已经做好接地配置。

3. 灭火器

灭火器设计时，一般设计在机房门旁边，位于开门方向的另一半，方便机房起火需要使用灭火器救火时，开门就能直接拿取使用。

4. 梯子，清洁工具

梯子与清洁工具设计时，一般设计在机房内空旷位置，周围没有相关设备，避免梯子与清洁工具溜倒损伤设备。

5. 发电机

发电机设计时，需要另外设计油机房，不可以直接设计在通信机房内。当机房室内平面净尺寸为 5 m×4 m 时，油机房的室内平面净尺寸宜为 4 m×3 m；当机房室内平面净尺寸为 5 m×3 m 时，油机房的室内平面净尺寸宜为 3 m×3 m。也可根据现场情况做适当调整。

4.3 塔桅及天馈设计

用户终端通过无线信号进行通信，无线信号发射接收是要通过天线来进行的，而塔桅是天线的载体，两者相互结合，相辅相成。塔桅与天馈施工需要高空作业，属于高危险作业，设计时更要特别注意。

4.3.1 塔桅设计

塔桅设计时，首先确定现场是否已有塔桅，已有塔桅是否满足建设要求，如果满足，尽量利用已有塔桅，可加快建设进度并且节省建设成本；如果没有可以利旧使用的塔桅，需要进行新建塔桅设计。

新建塔桅设计时，主要从以下几方面来考虑。

1. 建设要求

新建塔桅首先需要满足建设要求，根据设计的天线高度、天线数量、天线类型确定塔桅的高度。如果塔桅在地面上，塔桅高度需要高于天线高度，塔桅设备安装位置符合天线高度要求。如果塔桅在建筑物顶，塔桅高度加建筑物高度之和需要高于天线高度，塔桅设备安装位置符合天线高度要求。

2. 物业协调

新建塔桅需要考虑物业协调问题，如高档写字楼、商业广场、风景区、旅游区等场景。有的塔桅会影响原有建筑的整体形象，业主不会同意。设计时要重点物业协调这一点，设计业主同意的方案。

一般市区楼顶适合使用美化方柱、美化排气管、美化空调等塔桅；市区路边适合使用景观塔、路灯杆等塔桅；郊区楼顶适合使用抱杆、支撑杆、增高架等塔桅；风景区、旅游区适合使用美化树；郊区适合使用角钢塔、管塔等塔桅。

3. 投资成本

新建塔桅需要考虑投资成本问题，选择满足投资成本的塔桅类型。设计时不能只考虑塔桅本身价格，还需要结合塔桅的配套设备、运输费、安装费等费用价格综合考虑。

4. 建设条件

新建塔桅需要考虑建设条件问题，比如风压大小。楼顶塔桅需要考虑楼顶的承重能力，地面塔桅需要考虑地面的土质情况，山上站需要考虑塔桅的运输情况，最后还需要考虑塔桅的建设难度。

5. 建设周期

新建塔桅需要考虑建设周期问题。一般工程都有工期时间要求，塔桅建设需要满足工程周期，不能因为塔桅影响工程整体进度，拖延工期。

4.3.2　天馈设计

5G 站点使用新设备 AAU，AAU 集成了 RRU+ 馈线 + 天线功能，天馈设计只需要设计 AAU，大大降低了天馈设计的工作内容与工作难度。

天馈设计时一般从以下几方面进行考虑：

（1）天馈安装设计位置正前方不能存在物体阻挡信号传播。

（2）天馈安装设计高度需要满足建设要求与高度规划。

（3）天馈安装设计的方位角需要满足覆盖要求，每个天线设计的位置方位角就在塔桅的对应位置，比如方位角为 0° 左右，覆盖塔桅北边的天线应该设计在塔桅的北侧。

（4）天馈安装设计的机械下倾角与电子下倾角需要满足覆盖要求。

（5）天馈安装设计时，考虑接地线、电源线、数据线的布放及连接方便，应尽量缩短接线距离。

小结

本章首先介绍了 5G 站点机房及机房内部配套相关设计方法，然后介绍了机房内部各类设备设计方法，最后介绍了塔桅及天馈设计方法。室外站点是 5G 网络的重要组成部分，现在的无线环境中，多种制式的网络共存，设计时除了考虑本网之外，还需要考虑其他网络的影响，想要做好 5G 室外站点设计，就必须考虑的更加全面。

第5章

5G 室内分布系统设计

室内分布系统是室内信号覆盖的主要解决方案，在一些业务高热区域或信号盲区，室外站点信号无法做到很好的服务，必须选择室内分布系统进行覆盖。传统的 DAS 室分系统无法适应 5G 网络三大场景与各项新技术，因此 5G 引入"数字化室分"，相对于室外站点，5G 室分与其他网络室分结构组成有很大的变化，也使得 5G 室分的设计工作更加复杂。

5.1 室分设计基础

在进行室分设计之前，需要先了解室分设计的相关原则要求。只有了解了具体的原则要求之后，才能根据实际要求进行设计，确保设计方案是满足要求的，避免出现反复修改影响工程进度。

5.1.1 室分设计原则

1. 总体原则

对于室分系统来说，好的设计方案需要满足以下几个要求：

1）信号覆盖要求

室分系统需要在目标覆盖区域内的每一个地方，信号强度与信号质量都能满足要求。

2）容量与业务指标要求

室分系统需要满足基于用户数的容量需求，确保所有用户在目标覆盖区域内的每一个地方，语音、视频、下载等各项业务指标都能满足要求。

3）移动性要求

室分系统需要在每一个室分信号与室外信号交互的位置，满足用户出入的切换、重选等移动性管理要求。

4）干扰与外泄要求

室分系统需要尽量避免干扰室内其他网络，尽量避免室内信号泄露到室外，影响室外信号。

2. 工程设计原则

在遵循总体原则的大前提下，一般在实际室分系统设计时，还需要遵守以下一些细化原则：

（1）室分系统设计时必须遵守国家相关标准与规范，比如技术标准、电磁辐射标准、噪声污染等。

（2）室分系统设计应做到整体结构简单，施工方便，尽量避免或减少对目标建筑物造成影响。

（3）室分系统设计应具有良好的发展性与兼容性，可以兼容原有的系统，并且可以根据技术发展进行升级。

（4）室分系统的器件选型应统一标准化，便于施工与后期维护调整。

（5）室分系统应考虑资源共享与节能减排，增加资源利用率，在满足建设需求的情况下节省成本。

3. 技术指标要求

为了提升网络信号服务质量，提升用户感知体验，一般情况下，室分规划设计时需要了解通信运营商的网络技术指标要求，避免出现室分系统设计不符合规范。

一般 5G 室分技术指标要求如下，各家运营商技术指标要求可能略有差别。

1）工作频段

根据国家分配，中国通信运营商 5G 频段分配使用情况如图 5-1 所示。

5G主力频段				
运营商	频率范围/MHz	带宽/MHz	Band	备注
中国移动	2 515～2 675	160	n41	4G/5G频谱共享
	4 800～4 900	100	n79	
中国广电	4 900～4 960	60	n79	
	703～733/758～788	2×30	n28	
中国电信/中国联通/中国广电	3 300～3 400	100	n78	三家室内覆盖共享
中国电信	3 400～3 500	100	n78	两家共建共享
中国联通	3 500～3 600	100	n78	

图 5-1 中国通信运营商 5G 频段分配使用情况

2）覆盖指标要求

（1）信号覆盖：

5G NR 覆盖率≥ 95%。

5G NR 覆盖率 = 5G NR 条件采样点数 (SSB-RSRP ≥ -95 dBm 且 SSB-SINR ≥ 3 dB)/总采样点 ×100%

（2）信号外泄。建筑物外主服务小区信号为室外小区信号，建筑物外 10 m 接收到室内信号或比室外主小区低 10 dBm（当建筑物距离道路小于 10 m 时，以道路为参考点）。

3）业务要求

（1）上传下载。小区带宽配置为 100 MHz。资源配置充足时：

下行 600 Mbit/s：双通道下行 300 Mbit/s；单通道下行 150 Mbit/s。

上行 70 Mbit/s：双通道上行 30 Mbit/s；单通道上行 15 Mbit/s。

同时确保 BLER（误块率）≤ 10%。

小区配置为其他带宽时，速率要求按带宽与 100 MHz 配置比计算，BLER 要求一致。

（2）PING：

连续测试次数要求最少 100 次。32 byte 小包：时延小于 15 ms，成功率大于 99%;

连续测试次数要求最少 100 次。1 500 byte 小包：时延小于 17 ms，成功率大于 99%。

（3）语音呼叫。每个小区语音呼叫测试 10 次（主被叫测试各 5 次），接通成功率 100%，通话过程话音清晰，无杂音、单通、串话等情况，通话结束正常挂断无掉话。

（4）切换测试。每个切换带测试 10 次（室内信号与室外信号出入切换各 5 次），切换成功率 100%，切换顺畅、无延迟，切换过程中业务保持良好。

5.1.2　室分设计流程

想要设计出好的室分系统方案，除了要严格遵循相关的设计原则之外，还必须有一套科学合理的设计流程。按照设计流程的步骤进行方案设计，可以提升工作效率，避免出现设计冲突。

5G 站点室分方案设计一般可以分为容量分析设计、覆盖分析设计、天线设计、信源规划设计、室分系统整体设计、室分器材选择、电源及防护设计、切换区设计、信号泄露控制。具体情况如图 5-2 所示。

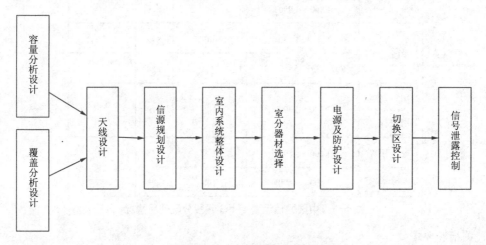

图 5-2　室分设计流程示意图

容量分析设计是通过现场勘察，分析室分建设目标建筑物内所有区域的用户具体分布情况，是信源与天线设计的重要依据。

覆盖分析设计是通过现场勘察，分析室分建设目标建筑物内各个区域的环境阻隔情况及信号衰减情况，是天线设计的重要依据。

天线设计是根据容量与覆盖分析结果，结合建设需求，设计每个天线布放的具体位置、类型、功率。

信源规划设计是根据容量与覆盖分析结果，结合天线布放情况，设计室分系统的信源类型、数量、功率、频率、带宽。

室分系统整体设计是根据容量与覆盖分析结果，结合天线与信源设计结果，确定室分系统的整体架构布局、走线路由、小区划分情况。

室分器材选择是根据天线与信源设计，结合室分整体架构布局，选择室分系统各个节点使用的设备类型及参数。

室分电源设计是根据室分整体架构与器材选择结果，确定每个位置安装设备使用的电源类型、参数、连接方式与接地情况。

切换区设计是根据室分整体架构布局与小区划分情况，确定室分系统内部及室内外信号切换区域情况。

泄露控制是根据室分整体架构布局与天线具体参数，控制室分系统信号泄露影响其他区域用户感知体验。

5.2　室内信号传播模型

室内用户产生的业务量的比重在现网中越来越高，室分系统的服务质量也越来越得到重视，然而室内无线传播环境是多种多样的，给室内分布系统带来了很大影响。因此想要设计好室分设计方案，就必须了解各种室内传播模型。

5.2.1　室内无线环境

1. 室内无线环境概述

室内无线环境一般由建筑物本身决定，同一个建筑物的整体结构、尺寸大小、使用材料、内部格局、使用场景等情况很多都是不一样的。不同的建筑物，这些相关因素差别大。在建筑物内部一般存在大量分隔，分隔所使用的材料也各有不同，一般有钢筋混凝土、砖墙、木质、玻璃、金属等材料，不同材料制作的分隔与障碍物给无线信号带来的穿透损耗也不同，导致室内信号传播的路径损耗差异比较大。

另外，由于建筑物使用情况与内部空间大小等限制，在室内安装天馈设备时不可能采用室外常用的高增益天线。由于信号在室内传播的过程中受到了很多内部分隔的影响，信号的穿透损耗比较大，所以用户终端在室内接收到的信号功率一般都比较小。

由于信号本身是无线电波，所以信号在室内环境的传播的过程中，会遇到反射、直射、散射、绕射等影响，从而导致产生复杂的多径效应。

2. 信号室内外传播对比

信号在室外传播时，受距离、气候、环境等因素影响，接收信号时的相位与幅度会随机变化，必须要考虑时延、快衰落等因素。信号在室内传播时，由于空间比室外小并且不受室外环境气候影响，所以衰落特点为慢衰落，且时延因素影响较小，因此可以满足高速率传输的条件。但是由于信号在室内传播时受到建筑物影响较大，因此具有更复杂的多径结构。

由于受到室内建筑物较多分隔的影响，同样的传播距离，信号在室内传播的路径损耗比在室外传播更高。一般情况下，信号传播的路径损耗与距离是成指数变化的，但是在建筑物室内环境影响下时常不成立。

信号在室外传播时，需要考虑多普勒效应；而在室内传播时，由于一般不可能存在高速移动的终端用户，此时可以忽略多普勒效应。

5.2.2 室内传播经验模型

传播模型的确定是计算路径损耗的先决条件。传播模型有多种，不同的传播模型会产生不同的路径损耗。通过研究路径损耗的多种传播模型，并对常用模型进行仿真，直观地表现各参数及各模型对于距离的不同损耗。确定最接近实际情况的模型。

1. 室内通用传播模型

该模型是一个站点的通用模型，可用于典型的室内环境，它需要很少的环境路径损耗信息，用平均的路径损耗和有关的阴影衰减统计来表征室内路径的损耗。这里的模型计算穿过多层楼层的损耗，一般应用于频率在楼层间复用的状况，基本的模型公式如下：

$$PL(d) = PL + 10 \times N_{sf} \times \log(d) + FAF$$

式中，PL 为 1 m 距离的空间损耗；N_{sf} 为同层损耗因子，需要经过模拟场强测试决定；FAF 为不同层路径损耗附加值。

2. 自由空间传播模型

自由空间传播模型适用于预测接收机和发射机之间是完全无阻挡的视距路径时的接收场强。自由空间中距发射机 d 处天线的接收功率为

$$P_r(d) = \frac{P_t G_t G_r \lambda^2}{(4\pi)^2 d^2 L}$$

式中，P_t 为发射功率；$P_r(d)$ 是接收功率；G_t 是发射天线增益；G_r 是接收天线增益；d 是 T-R（接收与发射）之间距离，单位是 m；L 是与传播无关的系统损耗因子；λ 是波长，单位是 m。

天线的增益与它的有效截面 A_e 有关，即 $G = \dfrac{4\pi A}{\lambda^2}$。

也与载频相关，$c = \lambda f$。

综合损耗 L（$L \geqslant 1$）通常归因于传输线损耗、滤波损耗和天线损耗，$L=1$ 则表明系统中不考虑硬件损耗。

路径损耗表示信号衰减，单位为 dB 的正值，定义为有效发射功率和接收功率之间的差值。当包含天线增益时，路径损耗为

$$L_{fs}(\text{dB}) = 10\log \frac{P_t}{P_r} = -10\log \frac{G_t G_r \lambda^2}{(4\pi)^2 d^2}$$

不包含天线增益时，设定天线具有单位增益。路径损耗为

$$L_p(\text{dB}) = 10\log \frac{P_t}{P_r} = -10\log \frac{\lambda^2}{(4\pi)^2 d^2}$$

即

$$L_{p}(dB) = 32.4 + 20\log f_{MHz} + 20\log d_{km}$$
$$= -27.6 + 20\log f_{MHz} + 20\log d_{m}$$

3. Chan 模型

Chan 模型适用于室内微蜂窝区的场强预测，该模型认为电波在室内传播时的路径损耗 L 近似于自由空间直接传播时的路径损耗 L_p 加上室内墙壁的穿透损耗 L_w（与工作频率和墙体材料有关）。

$$L = L_{p} + L_{w} = 32.4 + 20\log f_{MHz} + 20\log d_{km} + L_{w}$$
$$= -27.6 + 20\log f_{MHz} + 20\log d_{m} + L_{w}$$

4. 衰减因子模型

在进行室内覆盖的网络规划时，经常选取衰减因子模型作为室内传播模型，基本模型公式即可改写为

$$L(d) = L(d_{0}) + 10N_{sf}\log\frac{d}{d_{0}} + FAF$$

对于多层建筑物，室内路径损耗等于自由空间损耗附加上损耗因子，并随距离成指数增长。

$$L = L(d_{0}) + 20\log\frac{d}{d_{0}} + \alpha d + FAF$$

式中，α 为信道的衰减常数，单位是 dB/m。α 的取值范围在 0.48 ~ 0.62 之间。

5. 对数距离路径损耗模型

适用于在传输路径上具有相同 T-R 距离的不同随机效应。模型路径损耗公式为

$$L = L(d_{0}) + 10\log n\frac{d}{d_{0}} + X_{\sigma}$$

式中，n 为路径损耗指数，表明路径损耗随距离增长的速度，依赖于特定的传播环境；d_0 为近地参考距离；d 为 T-R 距离；X_{σ} 为零均值的高斯分布随机变量，单位为 dB，标准偏差为 σ，单位也为 dB。

6. Keenan-Motley 模型

该模型适用于模拟室内路径损耗。模型预测的路径损耗可表示为

$$L = L(d_{0}) + 20\log\frac{d}{d_{0}} + \sum_{j=1}^{j}N_{wj}L_{wj} + \sum_{i=1}^{i}N_{Fi}L_{Fi}$$

式中，d 是传播距离，单位是 m，N_{wj}、N_{Fi} 分别表示信号穿过不同类型的墙和地板的数目；L_{wj}、L_{Fi} 则为对应的损耗因子，单位是 dB；j 与 i 分别表示墙和地板的类型数目。

为了更好地拟合测量数据，对 K-M 模型进行修正，路径损耗可表示为

$$L = L(d_{0}) + L_{c} + L_{f}k_{f} + \sum_{j=1}^{j}N_{wj}L_{wj}$$

式中，L_c 为常数；L_{wj} 为穿过收发天线之间 j 类墙体的衰减；k_{wj} 为收发天线之间 j 类墙体数目；L_f 表示穿透相邻地板的衰减；k_f 表示楼层数目，即穿透地板的数目。

7. 基于反演模式的电波传播模型

接收信号与发射信号功率比可以表示为

$$\hat{P}_r / P_t = r^{-n} S_1(r,t) S_2(r,t)$$

式中，P_t 是发射信号功率；$\hat{P}_r$ 是接收到的瞬时信号功率，它是基站和移动台之间距离的函数；r^{-n} 为空间传播损耗，指数 n 一般在 2～4 之间；$S_1(r,t)$ 为阴影衰落；$S_2(r,t)$ 为多径衰落。

定义单位传播路径上电波功率相对损耗因子 α：

$$\alpha = \lim_{\Delta r \to 0} \frac{\Delta P / P}{\Delta r} = \frac{1}{P} \frac{dP}{dr} \tag{5-1}$$

损耗因子 α 体现了单位长度上不规则空间传播损耗和阴影衰落的合成效果，与地点和时间有关，即有：

$$a \equiv a(r,t)$$

由式（5-1）可得

$$d(\ln P) = \frac{dP}{P} = \alpha(r,t)dr \tag{5-2}$$

考虑地形地物较短时间内基本固定，则不考虑式（5-2）中的 t。定义投影算子 R_i，该算子作用于传播损耗分布函数 $\alpha(r)$ 后积分出总的路径损耗。

$$\hat{P}_{Loss}(r) = \ln(P_r) - \ln(P_t) = R_i[\alpha(r)] \tag{5-3}$$

式（5-3）即为移动通信环境中无线传播损耗的一般模型，投影算子 R_i 作用于路径损耗因子，起到积分的作用。r 和 $\hat{P}_{Loss}(r)$ 分别代表传播距离和用分贝表示的从基站到移动设备单位传播距离上的传播损耗。

当有地形地物数据库可用时，可根据该数据库辅助确定投影算子的积分形式，特别是其积分路径，而当没有该数据库可用时，利用"虚拟传播路径"的概念也可以不依赖于地形地物数据库构造路径损耗积分方程。这里体现了基于反演模式的电波传播模型的一个特性，即预测模型对环境数据库的弹性。当通过预先的实验得到必要的一组 $\hat{P}_{Loss}(r)$ 值后，求解 $\alpha(r)$ 就构成了一个反演问题。当从反演问题的角度求出 $\alpha(r)$ 之后，可以通过式（5-3）来完成特定区域内各小区的接收功率中值二位分部预测。

5.2.3　室内传播模型校正

室内传播模型是对室分系统进行网络规划时的重要参考条件，室内传播模型预测的准确性会对网络规划的准确性带来极大的影响。在室分系统的实际工程中，一般使用的传播模型都是经验模型。在这些模型中，对信号传播有影响的主要因素包括信号频率、天线发射频率、天线距离等，基本都以函数内的变量形式在路径损耗的公式中呈现出来；而在不同的室内建筑情况下，建筑整体结构、室内格局划分、使用材料等因素也会对信号传播有很大影响，并且这些影响还不一样。所以在传播模型的具体使用时，函数的相关变量会有差别。为了能够更准确地预测信号传播时的路径损耗，就需要找到能与具体建筑内部环境适合对应的函数公式。

室内传播模型校正指的是根据建筑物的室内无线环境与相关信号传播有关的参数，校正现有的室内传播经验模型公式，计算出信号在收发传播时更准确的传输损耗值。

室内传播模型校正流程图如图 5-3 所示。

首先需要到室分现场进行数据采集，并且根据目标建筑物室内的传播环境的实际情况选择合适的传播模型，然后配置传播模型的相关参数，计算出一个预估的室内传播路径损耗。另外，分析现场的采集数据可以得知实际测量的室内传播路径损耗，两者进行对比，检查误差是否满足需求，如果满足，就可以确定参数设置，得到校正后的室内传播模型；如果不满足，检查传播模型与参数，重新配置测算，直到能满足误差要求的合理范围。

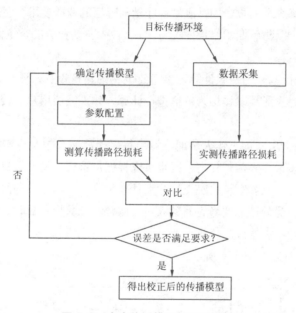

图 5-3 室内传播模型校正流程图

5.3 室分系统方案分析设计

室分系统设计内容较多，相对于室外站点，主要是分布系统设计较复杂，机房内相关设计与室外站点大体一样，只是由于室内环境原因有一定调整。从结构上而言，相对于室外站点，室分站点就是把塔桅与天馈系统换成了分布系统。

5.3.1 室内容量分析

建设 5G 室分站点的目的就是为了让用户可以在室内享受优质的 5G 网络服务。5G 网络的三大场景及网络切片等新功能，对容量提出了更高的要求。

容量分析对后面的设备选择及信源规划设计有着决定性的影响，所以容量分析设计的好坏，关系到室分系统的质量好坏，容量分析设计决定了室分系统的上限。

一般情况下，从普通用户的角度来看，通信业务感知体验差比信号差更容易引起投诉。通俗来说就是有信号上网不顺畅比没信号或信号差更容易引起投诉。而很多时候有信号上网不顺畅就是由于容量问题导致的，所以容量分析设计至关重要。

在做容量分析时，需要重点关注的两大类指标是用户数和吞吐量（流量），这两个指标又可以分为一些细化指标，比如用户数可以分为最大用户数、平均用户数等，吞吐量可以分为上行吞吐量、下行吞吐量、峰值速率、平均速率等，而在 5G 网络情况下，还需要考虑时延。

一般情况下，用户数代表网络控制面的能力，吞吐量代表网络业务面的能力，而时延与用户面和业务面都相关，三者相互影响，需要综合考虑。

在做容量分析设计时，不只是要满足当前的容量要求，更需要考虑后期的容量需求发展。在规划初期，一般以用户数来计算容量需求，同时满足吞吐量与时延的业务要求。另外，需要做好容量预留，并且预备软硬件扩容条件，以防后期的容量增长与 5G 新技术、新业务的容量需求。

1. 室分用户数计算

容量分析时，首先进行室分用户数计算，参考建筑物的建筑设计，确认建设室分场景的具体分布情况，据此来计算用户数。一般是以楼层为单位进行计算，如果楼层用户数较多，每个楼层内部也需要具体分区计算用户数。

比如酒店可以根据每个房间加工作人员配置算出每层楼最多人数，写字楼根据写字楼等级与相关规定的人均面积算出每层楼最多人数，住宅小区也可以根据每层楼户型计算每层楼最多人数。一些场景的特殊情况也需要重点考虑，比如医院住院楼用户数计算时除了病房床位与医护人员之外，还需考虑陪护人员与增加病床的情况，另外还需要考虑看望人员；体育场计算用户数时，除了考虑看台之外，还需要考虑举办演唱会时在场地中央增设座位。

室分用户数量分析示意图如图 5-4 所示。

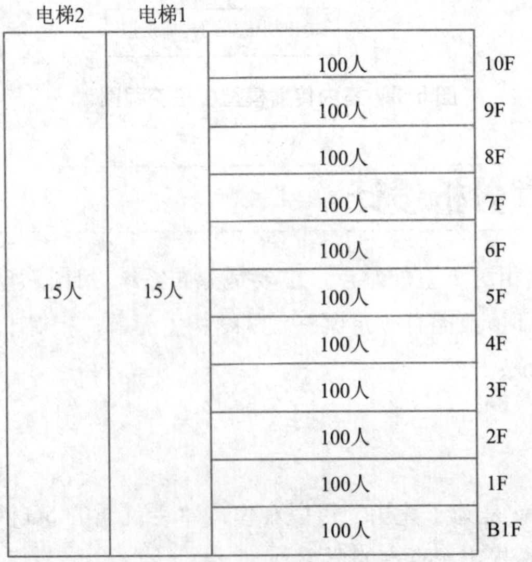

电梯2	电梯1		
		100人	10F
		100人	9F
		100人	8F
		100人	7F
		100人	6F
15人	15人	100人	5F
		100人	4F
		100人	3F
		100人	2F
		100人	1F
		100人	B1F

图 5-4　室分用户数量分析示意图

2. 本运营商用户数计算

室分用户数计算完成之后，计算室分内本运营商用户数。计算时根据室分用户数计算结果，乘以本运营商在当地的用户数比例，可以得出室分各个区域的本运营商用户数。

室分运营商用户数量分析示意图如图 5-5 所示（假设运营商用户数比例为 0.6）。

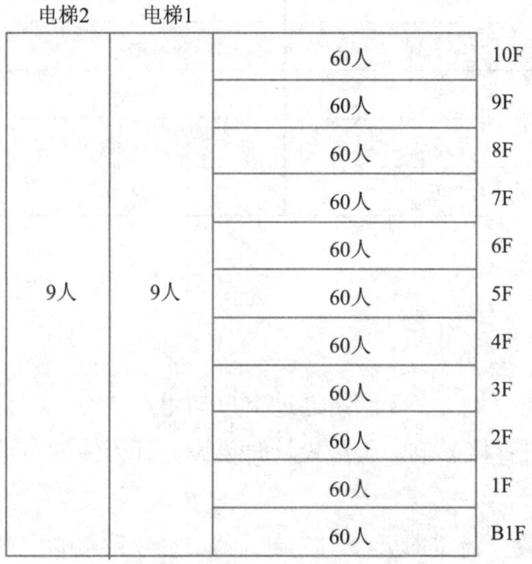

电梯2	电梯1		
9人	9人	60人	10F
		60人	9F
		60人	8F
		60人	7F
		60人	6F
		60人	5F
		60人	4F
		60人	3F
		60人	2F
		60人	1F
		60人	B1F

图 5-5　室分运营商用户数量分析示意图

在进行实际容量规划时，考虑 5G 三大场景的实际业务需求，除了满足用户数，还需要考虑高速率带宽与时延，规划时必须满足基础要求。但是在初期规划时无法确定后期的增长，一般根据当地运营商的用户业务模型来估算，规划时预留好后期扩容（软件扩容与硬件扩容）的条件，如果有容量拥塞问题可以尽快扩容解决问题。

5.3.2　室内覆盖分析

信号覆盖是无线网络最基础的指标，也是用户最能直接发现并且感受到的技术指标，最直观的感受就是手机信号有几格。

信号覆盖分析就是根据勘察情况，确定建筑物各个区域的具体环境，尤其是相关阻隔及材质，估算出每个位置的衰减情况，结合运营商对室分建设的信号覆盖要求，确定需要满足覆盖要求的具体功率情况，是天线设计的重要依据。

一般情况下，5G 网络信号覆盖要求为 SSB-RSRP ≥ -95~-100 dBm & SSB-SINR ≥ 3~5 dB，不同地市、不同运营商要求会有一定的差距，覆盖分析时，不能以最低标准来分析，必须提高 5 dBm 左右，留有一定的余量，避免实际情况出现偏差。

勘察过程中一般会安排摸底测试采集现场数据，根据测试结果，可以得出比较准确的衰减损耗情况，校正传播模型。但是摸底测试很难精确到每一个区域，并且有的区域为信号盲区，无法进行摸底测试，此时可以通过摸底测试情况结合隔断相关材质确定信号衰减损耗情况。5G 频段常见物体穿透损耗情况见表 5-1。

表 5-1 5G 频段常见物体穿透损耗情况

阻隔类型	穿透损耗 /dB	阻隔类型	穿透损耗 /dB
承重墙	20	双层钢化玻璃外墙	10 ~ 12
楼板	30	普通玻璃	2 ~ 3
金属墙板	30	大理石	5
混凝土墙	10 ~ 12	木门	3
砖墙	8	石膏板	3
防盗门	8	胶合板	2
消防门	20	硬纸板	1

5.3.3 天线设计

1. 天线覆盖类型

天线是室分系统的最后一环，也是 5G 网络通过空口与用户"终"端直接相连的设备，天线的规划设计在很大程度上对信号覆盖有直接影响。天线设计时要设计好天线的布放位置，并且确定天线的输出功率。

室分天线按照覆盖方式一般分为定向天线与全向天线。室分采用的定向天线覆盖方式与宏站类似，但是比宏站采用的定向天线功率小、波瓣角窄；室分采用的全向天线一般分为球面天线与半球面天线，球面天线覆盖范围是以天线为中心的一个球形区域，半球面天线覆盖范围是以天线为中心的一个半球形区域。具体情况如图 5-6 所示。

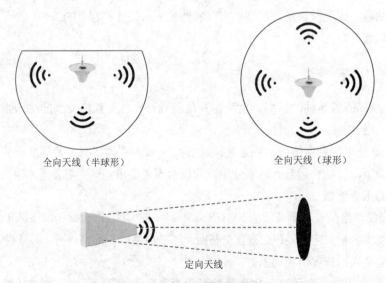

全向天线（半球形）　　　　　全向天线（球形）

定向天线

图 5-6 各类天线覆盖示意图

室分覆盖场景一般大体分为两类：一类为空旷阻隔较少环境，如停车场、候车室、体育馆、大型超市等，建议采用定向天线进行覆盖；另一类为结构复杂多阻隔环境，如居民小区、酒店等场景，建议以数量多＋功率小的方式，采用全向天线进行覆盖。天线设计时，根据现场环境的具体情况，结合覆盖分析结果与天线类型，在满足建设要求的前提下，节省成本并且缩短施工时间，设计好每一根天线的具体布放位置。

2. 天线布放设计

由于国内天线类型与生产厂家较多，具体规格、性能也不一样。天线布放设计之前，首先了解清楚目前天线库存情况，尽量使用已有资源。需要确定天线的增益与覆盖范围（无阻隔情况下），天线口的输出功率一般建议设置为 13 ～ 15 dBm，功率太高容易造成信号泄露，功率太低容易覆盖不足。再根据现场实际阻隔情况确定天线布放位置。考虑穿透损耗时，先考虑传播模型校正时的结果，再结合常见物体穿透损耗情况。常见物体穿透损耗情况参考表 5-1。

天线布放时，可以根据现场具体环境灵活组合使用全向天线与定向天线。一般建议如下：

（1）电梯、地下停车场等环境建议使用定向天线。

（2）酒店房间等位置建议使用全向天线，如果房间较大，也可以考虑定向天线与全向天线组合使用。

（3）室内布放天线在天花板吊顶时，需要考虑天花板材质，如果天花板为金属，天线必须明装；如果为非金属，可按具体材质计算损耗。

（4）建筑物边缘天线布放时一定要重点考虑对室外的影响，尤其是与室外有影响的楼层。

（5）地下停车场如果有拐角处需要重点考虑信号覆盖情况，避免出现拐角时信号突然衰弱。

（6）单通道不足以满足 5G 业务需求，5G 室分天线布放时都按双通道情况考虑。

（7）数字化室分的 pRRU 为全向覆盖天线，可以外接定向天线覆盖电梯等场景。外接天线之后，pRRU 信号不直接发射，通过外接天线发射。

5.3.4 信源规划设计

1. 信源选用情况

室分系统信源一般分为一次信源与二次信源。一次信源是指直接信源，二次信源是指间接信源。通俗来讲，一次信源是自身可以直接提供信源，一般包含宏蜂窝、微蜂窝、分布式基站；而二次信源是放大中继其他信号之后的信源，主要为直放站。各类信源对比情况见表 5-2。

表 5-2　室分信源类型对比分析

信源类型	优点	缺点	5G 室分使用情况
直放站	无须传输、技术成熟、施工简单、建设成本较低	干扰严重、传输时延大、容量有限、受宿主基站影响、运维成本高	已被淘汰
宏基站	容量大、稳定性高、扩容方便	成本较高、机房环境要求高、室内覆盖效果不佳	基本不使用
微蜂窝	安装方便灵活、规划简单	室内覆盖效果一般，容量有限，频率传输要求和成本都比较高	与 4G 合路，用于低流量非重点场景
分布式基站	安装方便灵活、适应性广、容量足够、扩容方便	规划设计复杂、成本较高	新建站点，各种场景，特别是高流量、高价值重要场景

5G 新建室分信源主要采用信源为分布式基站，广泛应用于各种场景，另外数字化室分也属于分布

式基站。在小部分低流量、非重点场景采用微蜂窝作为信源，建设时与原有 4G 室分合路。具体情况如图 5-7 所示。

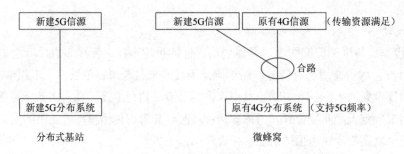

图 5-7　分布式基站与微蜂窝建设示意图

2. 信源设计原则

信源在室分系统中非常重要，选取好信源类型之后，还需要做好信源的设计，才能完美满足室分系统的需求。

信源设计时，需要遵守以下几条原则：

（1）容量计算。信源容量计算时，不能直接使用设备容量进行计算，需要先去掉带宽预留比，再进行计算。计算时根据容量分析结果，如图 5-8 所示，进行按区域叠加计算，不允许直接求和相除。

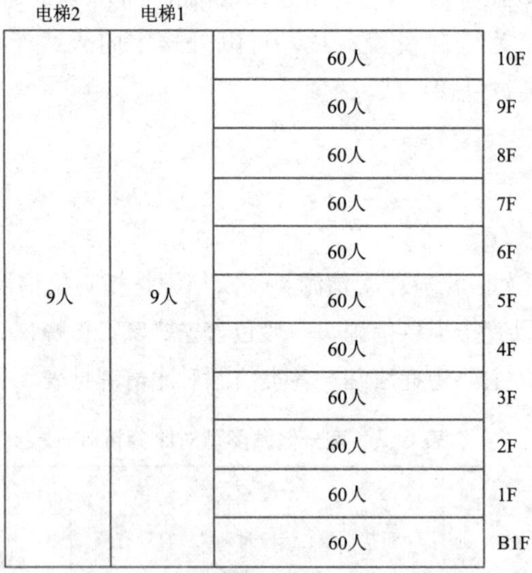

电梯2	电梯1		
9人	9人	60人	10F
		60人	9F
		60人	8F
		60人	7F
		60人	6F
		60人	5F
		60人	4F
		60人	3F
		60人	2F
		60人	1F
		60人	B1F

图 5-8　室分用户数量分析示意图

以容量分析结果为例，假设设备一个小区去掉带宽预留比之后还可以容纳 140 位用户。

错误算法为：总计 678 人 ÷140=4.84，向上取整为 5 个小区。

正确算法为：

先计算一个小区可容纳楼层数：140÷60=2.33，向下取整为 2。

然后计算覆盖楼层需要小区数：11÷2=5.5，向上取整为 6。

然后计算最后一个小区能否容纳电梯用户：140-60-18 ≥ 0，不能。

最终结果为 6 个小区。

(2) 功率满足。信源设计输出功率要足以支持室分系统天线口输出功率需求，并且预留一部分功率余量，应对后期的优化调整或扩容改造。

(3) 频率、带宽满足。信源设计要支持 5G 室分规划的频率与带宽。

(4) 其他需求。信源设计需要符合国家电磁辐射、噪声等标准要求，避免扰民。

5.3.5　室分电源与防护设计

室分系统的建设原则是"补忙补弱补盲"。优先建设于无线通信业务繁忙的区域或信号弱区盲区，这些区域基本上位于市区，配套设施成熟，电源与防护设计简单。但是一些重点项目也会建设室分，比如高铁、高速的隧道，这些地方一般比较偏僻，配套设施不足，电源与防护设计需要重点注意。

为保证室分电源设计质量，室分电源与防护设计时应严格遵守 YD/T 5040—2005《通信电源设备安装工程设计规范》，并且满足以下设计原则。

1. 交流供电设计原则

(1) 电源引入设计时，优先就近引入一路稳定可靠的 380 V 市电，如果没有 380 V，可以考虑 220 V；同时，做好油机接电预留接口设计以防市电断电时可以由油机发电机进行供电。

(2) 引入电源的线缆、交流配电箱、功率都按照长远考虑，预留一部分容量以防后期扩容。

(3) 根据站点重要程度等级，可以视情况增加本站油机发电机机房。

(4) 引入交流电经过交流配电箱直接给空调与照明系统供电。

(5) 交流供电相关设备必须接地。

2. 直流供电设计原则

(1) 机房内除交流配电箱、空调、照明系统之外，其他用电设备都使用直流电源进行供电。

(2) 优先考虑采用组合电源柜进线直流供电，电源柜应包含监控模块、变压模块、整流模块、稳压模块、直流配电单元（包含一次下电、二次下电、蓄电池端子）等单元。

(3) 电源柜容量及接线端子设计按远期负荷考虑，预留一部分容量以防后期扩容。

(4) 市电正常时，由市电进行供电，蓄电池进行充电，市电停电时，由蓄电池组进行供电。

(5) 直流供电设备必须全部接地。

3. 蓄电池设计原则

(1) 蓄电池负荷考虑时，先计算当下设计的设备电力负荷，并且预留一定的负荷发展空间。

(2) 蓄电池容量要求能对基站所有设备供电 2 ~ 6 h，并且对传输设备供电 24 h。蓄电池供电设计两级保护电压，初始供电时对所有设备供电，当蓄电池达到第一级保护电压时，切断一次下电设备供电，仅对二次下电设备供电。当蓄电池达到第二级保护电压时，切断二次下电设备供电，避免蓄电池过分放电受到损害影响使用寿命，保护蓄电池。

(3) 蓄电池设计时需要设计蓄电池抗震架，并且做好接地。

4. 主设备与分布系统供电设计原则

(1) 一般情况下，BBU 与 RRU 都使用配电盒进行供电；拉远 RRU 无法接入机房配电盒，可以就近采用市电进行供电。

（2）RHUB 可以直接就近接市电进行供电，pRRU 通过光电复合缆由 RHUB 进行供电。

（3）合路器、耦合器、电桥等无源设备不需要进行供电。

（4）BBU、RRU、RHUB 必须接地；GPS 与必须通过避雷器与 BBU 相连接，不允许直接连接；pRRU 与合路器、耦合器、电桥、室分天线等设备不用接地。

5.3.6 室分系统整体规划设计

室分系统整体规划时，一般包含室分类型设计、小区划分设计、设备安装位置及方式设计、走线路由设计。

1. 室分类型设计

室分类型设计时，首先需要确定的是室分建设类型是传统室分还是数字化室分。如果建设单位有明确要求按照要求设计即可。如果建设单位没有明确要求建设传统室分，在投资成本足够的情况下建议建设数字化室分，数字化室分除了成本比传统室分较高之外，设计、施工、维护都比传统室分更方便快捷，并且能够很好地适应 5G 各项新技术，同时还能兼容其他制式网络。另外，现在属于 5G 室分建设初期，基本上都是在一些高流量、高价值的重要区域建设室分，这些区域对通信服务要求更高。

2. 小区划分设计

室分建设类型设计完成之后，进行小区划分设计。传统室分与数字化室分的小区划分设计都一样，根据之前的容量分析与信源设计结果，结合天线布放设计，完成小区划分设计。通俗来讲，就是设计每个小区的覆盖区域，并且确认该区域已设计布放的天线，两者匹配对应。

小区划分时一般要遵循以下规范：

（1）每个小区的覆盖区域必须连续成一整块，非特殊情况不允许一个小区出现多个区域分散覆盖或者插花覆盖等情况。

（2）多部电梯尽量使用同一小区进行覆盖；在容量满足的情况下，电梯可以考虑与 1F、B1F 等电梯停留较多的楼层设计为同一小区覆盖，可以减少切换，提升用户感知。

（3）小区划分时与 BBU 端口对应，从大到小，从前往后按顺序使用，非特殊情况不允许跳跃使用。

3. 设备安装位置及方式设计

小区划分设计完成之后，进行设备安装设计（包含安装位置与安装方式），目的是将已确定匹配对应小区的信源设备与天线连接起来，并且满足功率要求。传统室分与数字化室分的整体系统架构不一样，使用的设备也不同，设计方法也不同。

数字化室分结构比较简单，由 BBU+RHUB+pRRU+ 外接天线（可选）构成，不需要进行系统功率计算，只要 pRRU 与外接天线的输出功率与覆盖范围满足天线布放设计即可。pRRU 为全向天线，覆盖天梯地下停车场等无阻隔场景时，可以外接定向天线进行覆盖，可以节省建设成本并且加快建设进度。数字化室分的设备安装设计一般按照以下步骤进行：

（1）设计 BBU、传输、电源及防护设备安装。一般情况下，这些设备建议都设计安装在一起。由于机房配套完善，供电接地安全稳定，一般建议优先考虑安装在机房内，采取嵌入落地综合柜内的安装方式；如果机房空间不足以安放机柜，也可以采取壁挂安装方式（嵌入壁挂机框）或者一体化机柜。如果没有机房，可以壁挂安装在弱电井内（嵌入壁挂机框），一般设计在建筑物中间楼层，可以缩短走线距离。接电就近引入，接地直接接入大楼接地系统即可。

（2）设计 RHUB 的安装。RHUB 需要连接 pRRU，一般设计安装在弱电井内，采取壁挂安装的方式（嵌入壁挂机框）。一个 RHUB 可以下挂多个 pRRU，如果端口数量不够可以多个 RHUB 级联。同一个 RHUB 下挂的多个 pRRU 必须使用同一种覆盖方式（自身直接覆盖或者外接天线覆盖）。设计时考虑天线安装位置与 BBU 安装位置，在满足建设需求的情况下减少设备使用数量与走线距离。RHUB 接电就近引入，接地直接接入大楼接地系统即可。

（3）设计 pRRU 的安装。pRRU 一般吸顶安装在楼层内，如果为金属吊顶必须明装，pRRU 的具体安装位置参考天线设计结果即可；如果为半球型覆盖面必须吸顶安装。如果需要外接天线安装，pRRU 与对应的外接天线安装在一起。

传统室分结构比较复杂，由 BBU+RRU+ 中继元器件 + 室分天线构成，需要进行系统功率计算，最终确定满足天线输出功率。传统室分的设备安装设计一般按照以下步骤进行：

（1）设计 BBU、传输、电源及防护设备安装。具体步骤与数字化室分一致，参照之前内容即可，这里不再重复。

（2）设计 RRU 的安装。RRU 的设计安装步骤与数字化室分中的 RHUB 一致，参照之前内容即可，这里不再重复。

（3）设计中继元器件的安装。由于 RRU 输出端口有限，对应天线数量较多，无法做到每个端口连接一根天线，所以需要通过耦合器等中继元器件进行端口扩充，确保能连接下挂的每一个室分天线。在中继元器件的使用过程中，会带来功率损耗，所以在设计时，首先需要确定末端室分天线的具体数量及输出功率要求，然后确定 RRU 端的输出功率，再计算中间所需的中继元器件型号、数量及具体安装位置。

（4）设计室分天线安装。天线类型、安装位置、技术参数可以参考之前天线设计的情况，根据具体情况进行完善。

4. 走线路由设计

室分系统所有设备安装设计完成后，进行走线路由设计。走线路由设计时，首先确定线缆及接头类型，详见前文 2.1.7 节。然后设计走线路由，走线路由设计时，遵守相关规范，保持横平竖直，注意拐弯弧度，远离强电及强磁区域。根据实际情况使用保护管，尽量缩短走线距离。至此室分整体架构已经设计完成。

5.3.7　室分器材选择

室分系统整体架构设计完成之后，进行室分器材选择。根据之前的架构设计结果及相关材料类型与技术指标，选择合适的器材。选择器材时，特别注意满足容量、端口及功率要求，优先考虑库存已有器材，可根据库存器材类型对设计方案进行微调，不建议进行大改；对于库存缺少的器材，统计好数量、类型，按照合同规定提交采购清单给对应单位进行采购。

室分器材选择完成后，输出室分系统整体架构图、材料清单、安装工程量清单。

5.3.8　室分切换区设计

切换过程中会加大系统的开销，并且降低网络性能，进而导致影响用户感知体验；而 5G 网络为了节省信道资源,采用的切换方式为硬切换(先断开后连接),对用户感知体验影响更大。所以,一般情况下,切换区域设置的原则是减少切换。在室分切换区域设计时,一定要遵守以下相关原则:

(1)一般情况下,同一室分系统必须统一 TAC(跟踪区域码),不允许在室分系统内部出现跨 TAC 切换。

(2)一个小区的覆盖区域必须连接成片,非特殊情况不允许出现一个小区分散覆盖。具体情况如图 5-9 所示。

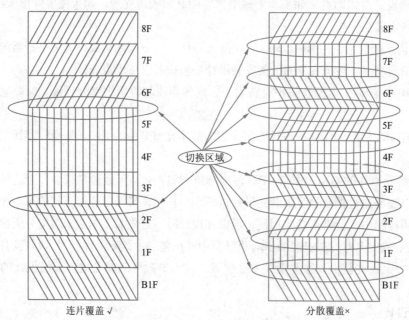

图 5-9　小区覆盖设计图

(3)室外小区与室内小区的 1 楼切换区域一般设置在门外 3 ~ 5 m 的地方,切换区域的大小建议为直径 3 ~ 5 m 的椭圆(根据门的大小情况),如图 5-10 所示。如果 1 楼存在多个门,每个门外都要设置切换区域。这样设置的好处是避免过于靠近建筑物而导致关门时信号突然减弱造成切换失败,同时又可以避免太靠近室外而影响室外其他用户。

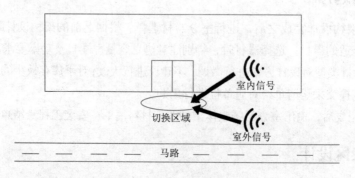

图 5-10　切换区域设计示意图

（4）地下车库等区域切换设计时，切换区域一般设计在出入口位置，由于车速相对步行较快，切换区域设计应大于 1 楼门口；另外，如果车辆进入地下停车场出入口之后需要拐弯，为避免拐弯时信号突降导致切换失败，除了在拐弯处确保室分信号很好并且稳定，尽量设计在进入拐弯之前已经完成切换。

（5）建筑物中高层受室外宏站影响较大，存在很多室外宏站信号，并且比较杂乱，影响用户感知体验。设计切换时一般为单向切换（室外宏站信号可切往室分，室分信号不切往室外），如图 5-11 所示，并且加快切换速度，使中高层用户尽量使用室分系统信号。

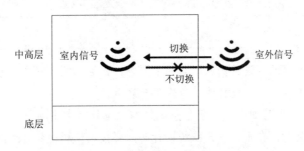

图 5-11　室内中高层建筑切换方案示意图

（6）电梯切换区域设计时，一般把切换区域设计为电梯厅。小区划分时可以独立划分为一个小区，在容量允许的情况下，也可以与用户使用电梯较多的楼层共用一个小区。

5.3.9　泄露控制

信号泄露是指室内分布系统信号泄露到室外或其他室内建筑，产生干扰，从而影响用户业务体验感知，如图 5-12、图 5-13 所示。随着国家经济发展，建筑物越来越多，室内分布系统建设也越来越多，所以信号泄露的控制也越来越重要。

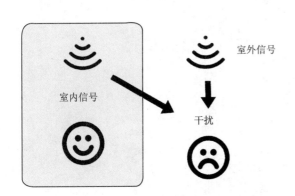

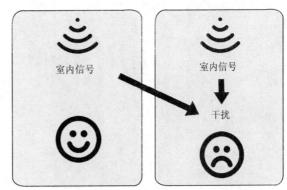

图 5-12　室分信号干扰室外信号示意图　　　　　图 5-13　室分信号干扰其他室分信号示意图

信号泄露一般由于室内设备发射功率过大或者安装位置不合理，导致室内信号泄露到室外并且信号强度较大。因此，为了控制室内信号泄露，在规划时一定要考虑好设备布放位置，设计方案选择多天线小功率，做到信号精细化覆盖。工程实施时注意施工质量，工程验收时严格把关信号泄露问题。

信号泄露问题，除了考虑工程本身之外，还需要考虑建筑物的场景及材料等实际情况。一般情况下，按以下几种情况考虑：

（1）如果建筑物外墙都为砖混结构或承重墙，可以不特别考虑室内信号外泄。如果为木质、玻璃等材质，需要重点考虑，尤其是 1 楼与地下 1 楼出口位置。

（2）如果建筑物旁边有天桥或高架桥等，与天桥或高架桥高度接近的几个楼层需要重点考虑。

（3）如果建筑物旁有其他建筑，也有室分建筑，并且不属于本室分信号系统，需要重点考虑相邻相近楼层信号泄露影响。

小结

本章首先介绍了 5G 室分站点设计的原则与相关要求，然后介绍了室内信号传播模型及校正，最后着重介绍了室分设计流程中各项具体设计的工作内容与规范。

室分系统的信号覆盖要求精细准确，室分系统结构比室外站点更加复杂，设备类型更多，因此，室分系统设计比室外更加复杂。在进行室分系统设计时，要按照流程逐步进行，设计时要综合考虑各方面情况仔细分析，把设计方案做到最好。

第6章

5G 站点工程概预算

在通信工程不断发展下，工程项目的管理和基本的工程造价形式变得越来越重要。概预算是整个通信工程项目工程造价的基础，对投资规模控制、缩短建设周期、提高总投资的效益等方面起着举足轻重的作用。相比其他网络，5G网络技术要求更高，网络规模更大，投资成本也更多。概预算就是怎么合理运用资金，减少成本花销，更好更快地完成5G网络建设。

6.1 站点工程概预算简介

概预算是通信项目在不同建设阶段经济上的文件表现，既是预先进行工程价格研究的重要文件，也是对建筑项目投资做出决策、分配、核算和管理的重要依据。想要做好概预算就必须先了解概预算。

6.1.1 认识概预算

站点工程概预算是指在站点工程建设过程中，根据不同设计阶段的设计文件的具体内容和有关定额、指标及取费标准，预先计算和确定建设项目的全部工程费用的技术经济文件。

概预算根据工程阶段一般分为设计概算、工程预算、工程结算与工程决算。不同阶段的概预算编制单位、编制依据及用途都不一样。

具体情况见表6-1。

表6-1 概预算分类相关情况

类型	编制阶段	编制单位	编制依据	用途
设计概算	方案设计完成后，工程实施之前	设计单位	方案设计图纸，概算定额	确定工程标底、投标价格与工程合同价
工程预算	工程实施过程中	施工单位	预算定额	工程成本与进度控制
工程结算	工程实施完成后，工程验收之前	施工单位	预算定额、方案设计图纸、施工变更资料	确定工程项目最终价格
工程决算	工程验收之后	建设单位	预算定额、工程结算资料	确定工程项目实际支出

通常所说的概预算指的是设计概算与工程预算，也就是在工程实施之前和工程实施过程中进行的概预算文件编制。不同阶段的概预算编制流程与编制表格基本一致，只是编制内容有差别。

6.1.2　概预算文件

概预算文件一般由以下几张表格组成：

表一：工程概预算总表，用于编制项目总费用，包含工程费、其他费用、税价等。具体情况如图 6-1 所示。

工程（预）算总表（表一）

序号	表格编号	费用名称	小型建筑工程费	国内安装设备费	不需安装的设备、器具费	建筑安装工程费	其他费用	预备费	总价值			
			预算价值（元）						除税价	增值税	含税价	其中外币（　）
I	II	III	IV	V	VI	VII	VIII	IX	X	X	XI	XII
1	表三甲	建筑安装工程费							等于除税价			
2	表五	工程建设其他费							等于其他费			
3												
4												
5												
6												
7												
8		总计										

图 6-1　概预算表一

表二：建筑安装工程费用概预算表，用于编制建筑安装工程费使用，包含直接费、间接费、利润、销售税额；其中直接费包含人工费、材料费、机械使用费、仪表使用费及各项措施费；间接费包含规费与企业管理费。具体情况如图 6-2 所示。

表三甲：建筑安装工程量概预算表，用于编制建筑安装工程费，包含各类子项的定额编号、名称、单位、数量、技工工日、普工工日等，具体情况如图 6-3 所示。

表三乙：建筑安装工程机械使用费概预算表，用于编制建筑安装工程机械使用费，一般根据实际情况进行编制，如果相关工程项目不涉及机械使用，可以不编制本表。包含定额编号、项目名称、单位、数量、机械名称、台班数量、单价、合价等，具体情况如图 6-4 所示。

表三丙：建筑安装工程仪器仪表使用费概预算表，用于编制建筑安装工程仪器仪表使用费，一般根据实际情况进行编制，如果相关工程项目不涉及仪器仪表使用，可以不编制本表。包含定额编号、项目名称、单位、数量、仪表名称、台班数量、单价、合价等，具体情况如图 6-5 所示。

表四甲：国内器材概预算表，用于编制国内器材费用，包含器材名称、规格程式、单位、数量、单价、合计价格、备注等，具体情况如图 6-6 所示。

表四乙：引进器材概预算表，用于编制引进器材费用，一般根据实际情况进行编制，如果相关工程项目不涉及引进器材，可以不编制本表。表四乙一般包含中文名称、外文名称、单位、数量、外币币种、折合人民币等内容，具体情况如图 6-7 所示。

建筑安装工程费用（预）算表（表二）

I	II	III	IV
	费用名称	依据和计算方法	合计（元）
I	II	III	IV
	建筑安装工程费（含税价）	一+二+三+四	
	建筑安装工程费（除税价）	一+二+三	
一	直接费	（一）+（二）	
（一）	直接工程费	1+2+3+4	
1	人工费	技工费+普工费	
（1）	技工费	技工总工日×114元/工日	
（2）	普工费	普工总工日×61元/工日	
2	材料费	（1）+（2）	
（1）	主要材料费	主要材料费	
（2）	辅助材料费	国内主材费×0.3%	
3	机械使用费	机械台班单价×机械台班量	
4	仪表使用费	仪表台班单价×仪表台班量	
（二）	措施费	1…15之和	
1	文明施工费	人工费×1.5%	
2	工地器材搬运费	人工费×3.4%	
3	工程干扰费	人工费×6.0%	
4	工程点交、场地清理费	人工费×3.3%	
5	临时设施费	人工费×2.6%	
6	工程车辆使用费	人工费×5.0%	
7	夜间施工增加费	人工费×2.5%	
8	冬雨季施工增加费	人工费×1.8%	
9	生产工具用具使用费	人工费×1.5%	
10	施工用水电蒸汽费	按实记取	
11	特殊地区施工增加费	按实记取	
12	已完工程及设备保护费	按实记取	
13	运土费	按实记取	
14	施工队伍调遣费	174×(5)×2	
15	大型施工机械调遣费	按实记取	
二	间接费	（一）+（二）	
（一）	规费	1+2+3+4	
1	工程排污费	按实记取	
2	社会保障费	人工费×28.5%	
3	住房公积金	人工费×4.19%	
4	危险作业意外伤害保险费	人工费×1.00%	
（二）	企业管理费	人工费×27.4%	
三	利润	人工费×20.0%	
四	销项税额		

图 6-2　概预算表二

建筑安装工程量（预）算表（表三）甲

序号	定额编号	项目名称	单位	数量	单位定额值（工日）		概预算值（工日）	
					技工	普工	技工	普工
I	II	III	IV	V	VI	VII	VIII	IX
1								
2								
3								
4								
5								
6								
7								
8								
9								
10								
		小计						
		小计日调整（小计×15%）						
		合计						

图 6-3　概预算表三甲

建筑安装工程机械使用费（预）算表（表三）乙

序号	定额编号	项目名称	单位	数量	机械名称	单位定额值（工日）		概预算值（工日）	
						数量（台班）	单价（元）	数量（台班）	合价（元）
I	II	III	IV	V	VI	VII	VIII	IX	X
1									
2									
3									
4									
		合计							

图 6-4　概预算表三乙

建筑安装工程仪器仪表使用费（预）算表（表三）丙

序号	定额编号	项目名称	单位	数量	仪表名称	单位定额值（工日）		概预算值（工日）	
						数量（台班）	单价（元）	数量（台班）	合价（元）
I	II	III	IV	V	VI	VII	VIII	IX	X
1									
2									
3									
4									
5									
6									
7									
8									
9									
10									
		合计							

图 6-5　概预算表三丙

国内器材（预）算表（表四）甲

序号	名　称	规 格 程 式	单位	数量	单价（元） 除税价	合计（元） 除税价	增值税	含税价	备注
1									
2									
3									
4									
5									
6									
7									
8									
9									
10									
	总 计								

图 6-6　概预算表四甲

引进器材（预）算表（表四）乙

序号	中文名称	外文名称	单位	数量	单价 外币（　）	折合人民币（元）	合价 外币（　）	折合人民币（元）
I	II	III	IV	V	VI	VII	VIII	IX
1								
2								
3								
4								
5								
6								
7								
8								
9								
10								
	总 计							

图 6-7　概预算表四乙

　　表五甲：工程建设其他费概预算表，用于编制工程建设其他费用，包含建设用地及综合赔补费、项目建设管理费、勘察费、设计费等内容，具体情况如图 6-8 所示。

工程建设其他费（预）算表（表五）甲

序号	费用名称	计算依据及方法	金额（元） 除税价	增值税	含税价	备注
1	建设用地及综合赔补费	按实记取				
2	项目建设管理费	（总概算*2%)				财建〔2016〕504号 税率10%
3	可行性研究费					
4	研究试验费					
5	勘察费	×××元×站				依计价格〔2016〕10号文计算 税率6%
6	设计费	工程费×4.5%				依计价格〔2002〕10号文计算 税率6%
7	环境影响评价费					
8	建设工程监理费	工程费(折前建筑安装费+设备费)×3.30%				2007【670】 税率6%
9	安全生产费	建安费×1.50%				工信部通函〔2012〕213号 税率10%
10	引进技术及进口设备其他费					
11	工程保险费					
12	工程招标代理费					
13	专利及专利技术使用费					
14	其他费用					
15	生产准备及开办费（运营费）	设计定员×生产准备费指标(元/人)				
	合计					

图 6-8　概预算表五甲

表五乙：引进设备工程建设其他费概预算表，用于编制引进设备工程建设其他费用，一般根据实际情况进行编制，如果不涉及引进设备相关，可以不编制本表。表五乙一般包含费用名称、计算依据及方法、外币币种、折合人民币、备注等内容，具体情况如图 6-9 所示。

引进设备工程建设其他费（预）算表（表五）乙					
序号	费用名称	计算依据及方法	金　额		备注
			外币（　）	折合人民币（元）	
I	II	III	IV	V	VI
1					
2					
3					
4					
5					
6					
7					
8					
9					
10					
	合计				

图 6-9　概预算表五乙

6.1.3　概预算编制基本过程

概预算编制的基本过程基本上可以分为设计图纸识读、材料及工作量统计、定额使用、概预算表格编制四部分。具体情况如图 6-10 所示。

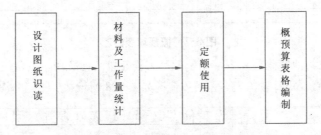

图 6-10　概预算编制基本过程示意图

1. 设计图纸识读

设计图纸识读时，首先对所有图纸进行全面检查，检查图纸是否为设计方案终审定稿图纸；检查图纸及图纸内容是否完整；检查图纸标注的信息（内容说明、尺寸等）是否清晰可见，是否标注准确无误；检查材料统计表内容，是否与设计一致等。

2. 材料及工作量统计

设计图纸识读确认无误后，根据设计图纸统计所需的所有材料及其规格、型号、数量，再根据设计图纸及材料统计结果，统计工程项目所有的工作量。统计材料与工作量时，相关计量单位与概预算定额保持一致；统计时需要小心仔细，避免漏算、误算及重复计算。

3. 定额使用

材料及工作量统计完成后，根据统计结果，使用定额进行套用。套用定额时，需要核对确认统计的材料与工作量和定额内容一致，防止误套。需要特别注意概预算定额的总说明、册说明、章节说明以及定额项目表的注释内容，涉及特殊情况计取的时候需要进行相应的调整。

正确套用定额后，接下来就是选用价格，包括机械、仪表台班单价和设备、材料价格两部分。对于工程所涉及的机械、仪表，单价可以依据《通信建设工程施工机械、仪表台班定额》进行查找；而设备、材料价格是由定额编制管理部门给定的，但要注意概预算编制所需要的设备、材料价格是指预算价格，如果给定的是原价，要记住计取其运杂费、运输保险费、采购及保管费和采购代理服务费。

4. 概预算表格编制

定额套用完成之后，进行概预算表格编制。编制时根据国家工信部通信〔2016〕451 号文件下发的费用定额所规定的计算规则标准分别计算各项费用。

概预算表格编制顺序一般为：表三甲→表三乙→表三丙→表四甲→表四乙→表五甲→表五乙→表二→表一。其中表三乙、表三丙、表四乙与表五乙可根据实际情况确定是否编制，其他表格一般必须编制。

表格编制过程中，要重点注意不同工程类型、不同情况下相关费用的记取原则，如果有使用引进材料，费用涉及外币，注意根据汇率折合为人民币。

6.2　站点工程图纸识读

工程设计图纸是概预算编制的基本依据。想要做好概预算，首先就要能完成工程图纸的正确识读，能读出图纸中设计的每一件设备材料，每一样工程量，避免出现错算、漏算。根据识读结果，确保设计方案是合理的，再进行概预算表格编制。

6.2.1　站点工程图纸概述

通信工程图纸是根据通信电源、通信线路、通信设备安装等不同的通信专业要求，通过一定的图形符号、文字符号、标注、文字说明等要素对通信工程的规模、建设施工内容、施工技术要求等相关方面的一种图纸化表达。

站点工程图纸属于通信工程图纸其中的一类，主要指的是以站点设备安装及其相关设备设计图纸。

站点工程图纸一般由以下几个部分组成：

1. 图幅与图框

图幅与图框指的是图纸的篇幅尺寸及边框规范，具体情况如图 6-11 所示。

（单位：mm）

幅面代号	A0	A1	A2	A3	A4
图副尺寸（$B×L$）	841×189	594×841	420×594	297×420	210×297
侧边框距 C	10			5	
装订侧边框距 a	25				

图 6-11　设计图纸幅面与图框尺寸规范

2. 比例

一般情况下，绘图比例有 1：10、1：20、1：50、1：100、1：200、1：500、1：1 000 等各类比例，绘图时可以根据具体情况选择合适的比例。

3. 图例

图例是集中于图纸一角或一侧的图纸上各种符号和颜色所代表内容与指标的说明，有助于更好地认识、设计图纸。具体情况如图 6-12 所示。

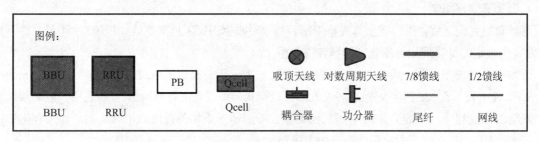

图 6-12　室分常见图例类型

4. 图衔

图衔是位于图纸右下角的关于图纸相关信息的介绍，一般包相关单位与负责人、图纸比例、图纸名称、图纸编号等。具体情况如图 6-13 所示。

单位主管		审核		设计单位名称	
部门主管		校核			
设计总负责人		制图		图名	
单位负责人		单位、比例			
设计人		日期		图号	

图 6-13　设计图衔

5. 指北针

指北针是图纸上指示正北方位的标识，是设计时确定方位的重要参考。一般位于图纸右上角并且往上指示正北方向。具体情况如图 6-14 所示。

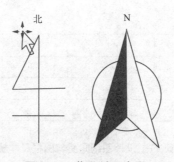

图 6-14　指北针示意图

6. 尺寸标注

尺寸标注是图纸上用来标识间隔距离的数字,一般情况下,默认单位为 mm,也可以根据实际情况更换为其他单位。具体情况如图 6-15 所示。

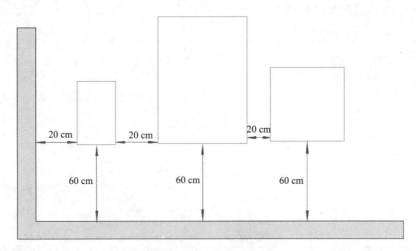

图 6-15 尺寸标注

7. 文字注释说明

图纸上有的信息无法用绘图来做到很清晰的表述,可以考虑增加文字注释说明。具体情况如图 6-16 所示。

8. 表格

有的信息无法用绘图来做到很清晰的表述,可以考虑增加表格统计。具体情况如图 6-17 所示。

说明:

1.本机房为利旧友商家房,已有设备及端口不可变动。

2.机房位置为楼顶天面,GPS安装位置为机房顶。线长默认4 m。

3.所有设备出机房至顶楼弱电井上端距离默认为3 m。

4.根据规定BBU连接电源柜必须通过配电盒,不允许直连。

5.传输引入光缆为48芯全部成端。

图 6-16 文字说明

设备统计表			
序号	名称	型号	数量
1	电源柜	×××	1
2	BBU	×××	1
3	SPN	×××	1
4	ODF	×××	1
5	接地排	×××	2

图 6-17 表格说明

6.2.2 站点工程图纸及规范

5G 站点类型分为室外站点与室内站点,两者结构不一样,图纸类型与具体内容也有差别。

1. 室外站点图纸与规范

5G 室外站点图纸一般分为室外安装平面图、室外安装立面图、机房内设备布置平面图、机房内走线架布置平面图。相同的设备会在不同的图纸内出现,必须保持数量类型安装位置等情况一致,不能出现彼此冲突。

1）室外安装平面图

室外安装平面图为空中往下俯视视角平面图，需要包含视角内所有安装设备情况，如果 AAU 天线设计为隐藏安装，也需要显示出来。一般包括机房、塔桅、AAU 天线、GPS、室外接地排、室外走线架（根据实际设计情况）。具体情况如图 6-18 所示。

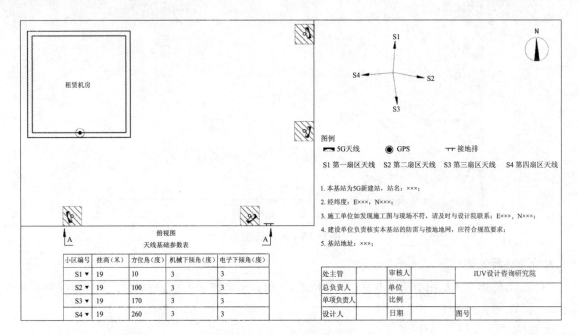

图 6-18　室外安装平面图

本张图纸一般有如下规范：

（1）图纸一般默认上方为正北方向，右上角需要标注指北标识确认。

（2）图纸中各类使用设备需要有图例标识。

（3）图纸中 AAU 天线需要明确标识每个 AAU 天线的挂高、方位角、机械下倾角、电子下倾角参数，并且有覆盖示意图。

（4）图纸右下角相关信息按实际情况填写。

（5）图纸涉及一些相关情况，需要添加文字说明。

2）室外安装立面图

室外安装立面图为模拟人站在机房与塔桅前平视视角立面图，需要包含视角内所有安装设备情况，如果 AAU 天线设计为隐藏安装，也需要显示出来。一般包括机房、塔桅、AAU 天线、GPS、室外接地排与室外走线架（根据实际设计情况）。具体情况如图 6-19 所示。

本张图纸一般有如下规范：

（1）图纸中设备信息、安装位置必须与室外安装平面图一致。

（2）图纸中各类使用设备需要有图例标识。

（3）图纸右下角相关信息按实际情况填写。

（4）图纸涉及一些相关情况，需要添加文字说明。

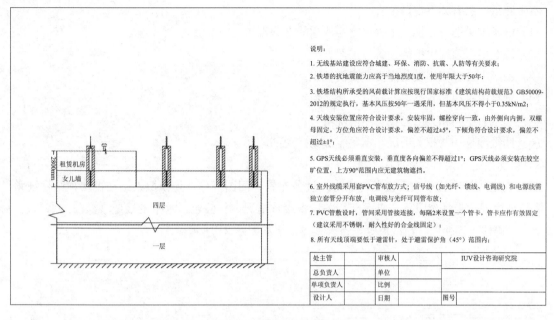

图 6-19　室外安装立面图

3）机房内设备布置平面图

机房内设备布置平面图为模拟人站在机房顶俯视视角平面图，需要包含视角内所有安装设备情况（除走线架之外）。一般包括交流配电箱、电源柜、综合柜、蓄电池组、空调、接地排、馈线窗、防雷器等各类设备。具体情况如图 6-20 所示。

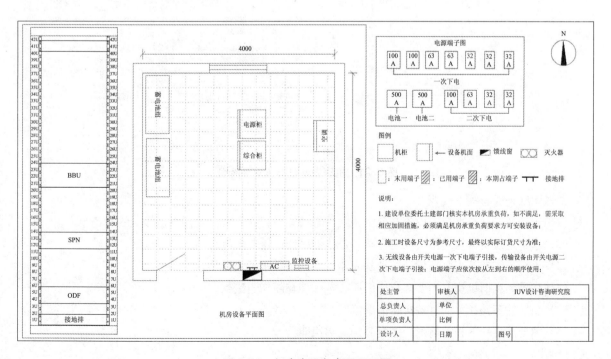

图 6-20　机房内设备布置平面图

本张图纸一般有如下规范：

（1）电源端子图必须标识出本次需要使用的电源端子。

（2）综合柜必须标出柜内设备布置图。

（3）图纸中各类使用设备需要有图例标识。

（4）图纸中机房与各类设备标记出具体距离。

（5）图纸右下角相关信息按实际情况填写。

（6）图纸涉及一些相关情况，需要添加文字说明。

4）机房内走线架布置平面图

机房内走线架布置平面图视角与机房内设备布置平面图一样，为模拟人站在机房顶俯视视角平面图，需要包含视角走线架以及与走线架相关设备设计情况。一般包括水平走线架（横向与纵向）、垂直走线架、加固件、连接件、馈线窗等设备。具体情况如图 6-21 所示。

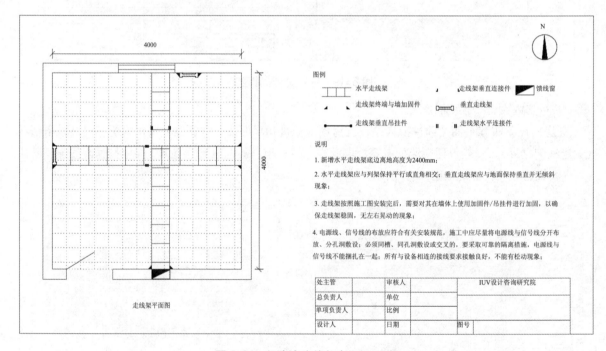

图 6-21　机房内走线架布置平面图

本张图纸一般有如下规范：

（1）走线架必须与机房内设备布置图关联，走线架布置在所有需要使用走线架的设备上方。

（2）水平走线架必须连接馈线窗，垂直走线架必须连接蓄电池组与水平走线架。

（3）水平走线架两端必须设计终端加固件，中间设计水平连接件。

（4）如果为利旧机房，需要区分标记原有走线架与新增走线架。

（5）图纸右下角相关信息按实际情况填写。

（6）图纸涉及一些相关情况，需要添加文字说明。

2. 室分站点图纸与规范

5G 室分站点图纸一般分为室分系统整体介绍图、机房设备布置平面图、机房内走线架布置平面图、主设备布置立面图、楼层分布系统安装平面图、室分系统架构总图。

1）室分系统整体介绍图

室分系统整体介绍图为空中往下俯视视角平面图。图内呈现室分建筑具体位置图、指北标识、建筑物信息等内容。具体情况如图 6-22 所示。

站点名称：A市珠宝大厦			
经纬度：E84.005417° N38.444952°			
详细地址：长青市湖山区解放一路168号			
本期覆盖：大楼内部所有区域			
覆盖面积：16800平方米			

处主管		审核人	IUV设计咨询研究院
总负责人		单位 mm	
单项负责人		比例 1:100	
设计人		日期	图号

图 6-22 室分系统整体介绍图

本张图纸一般有如下规范：

（1）保持室分建筑物在图片中间位置，并且框出建筑物所有区域。

（2）经纬度需要根据实际情况明确标记 E（东经）、W（西经）、N（北纬）、S（南纬），经纬度至少要精确到小数点后 5 位数。

（3）详细地址必须精确到道路的具体门牌号码。

（4）覆盖面积为覆盖区域的建筑面积之和，如果有地下楼层也需要计算。

（5）图纸右下角相关信息按实际情况填写。

2）机房设备布置平面图

室分站点主设备如果安装在机房内，需要设计机房设备布置平面图；如果壁挂安装于其他位置没有使用机房，不需要设计本张图。

室分站点的机房设备布置平面图与室外站点的机房设备布置平面图大体上一致，需要在室外站点的基础上添加 GPS 即可，相关规范与室外站点的机房设备布置平面图一样，在此不多赘述。具体情况如图 6-23 所示。

3）机房内走线架布置平面图

室分站点主设备如果安装在机房内，需要设计机房内走线架布置平面图；如果壁挂安装于其他位置没有使用机房内走线架，不需要设计本张图。

室分站点的机房内走线架布置平面图与室外站点的机房内走线架布置平面图一样，在此不多赘述。

4）主设备布置立面图

室分站点主设备如果安装在机房内，不需要设计本张图；如果壁挂安装在其他区域，需要设计本张图。

室分站点的主设备布置立面图，视角为模拟人站在墙壁面前的第一人称视角，默认图纸上方为墙壁上方。图纸内包含墙壁上安装的所有设备及其走线情况，如果使用走线槽，也需要呈现出来。具体情况如图 6-24 所示。

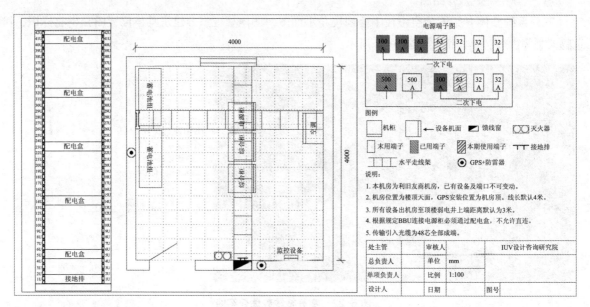

图 6-23　机房设备布置平面图

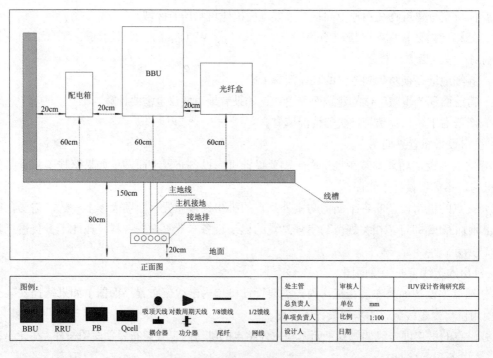

图 6-24　主设备布置立面图

本张图纸一般有如下规范：

（1）每样设备名称必须呈现，比较小的设备可以使用图例呈现，如果同类型的设备有多个，需要分别编号区分。

（2）设备之间的距离，与线槽或地面的距离必须标注清楚。

（3）设备布置必须按照规定保持水平或垂直。

（4）走线必须横平竖直。

（5）图纸右下角相关信息按实际情况填写。

5）楼层分布系统安装平面图

室分站点的楼层分布系统安装平面图，需要呈现所有室分系统设备的安装情况，一般情况下，按照每个楼层分开进行设计，电梯场景独立设计。

室分站点的楼层分布系统安装平面图是从楼层天花板往下的俯视视角的平面图。图纸内包含本楼层内安装的所有设备及其走线情况，设备默认安装方式为吸顶安装，如果有壁挂安装的设备，需要额外增加立面图说明壁挂安装位置。具体情况如图 6-25 所示。

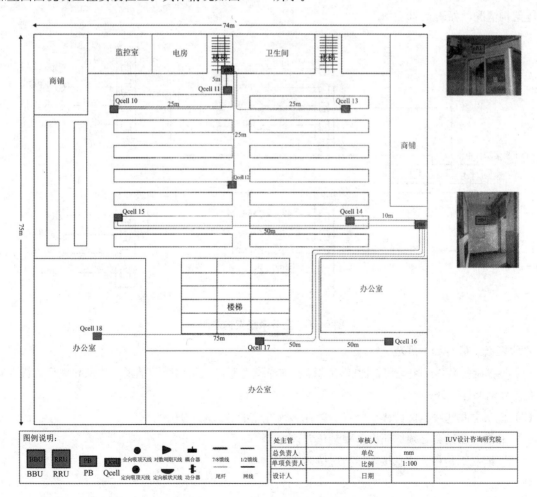

图 6-25　楼层分布系统安装平面图

本张图纸一般有如下规范：

（1）本张图纸按照楼层进行设计，如果多个楼层就需要多张图纸分开设计（多个楼层如果设计情况完全一样，可以合为一张，需要说明清楚），电梯场景需要另外进行设计。

（2）每样设备名称必须呈现，比较小的设备与线缆类型可以使用图例呈现；如果同类型的设备有多个，需要分别编号区分。

（3）设备之间连线，保持横平竖直，并且必须标注清楚线的长度。

（4）设备布置必须按照规定保持水平或垂直。

（5）壁挂安装设备必须增加图片说明壁挂位置。

（6）图纸右下角相关信息按实际情况填写。

6）室分系统架构总图

室分系统架构总图需要呈现室分站点所有设备的安装情况，根据实际情况尽量使用一张图进行呈现；如果系统过于庞大，可以分成多张图纸进行呈现。

室分系统架构总图为原理图形式，主要体现室分系统使用的所有设备与连线的距离，呈现室分系统整体架构情况，如图 6-26 所示。

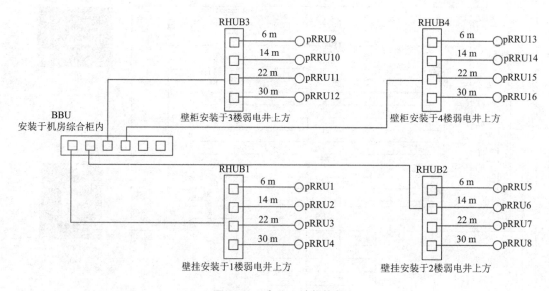

图 6-26　室分系统架构总图

本张图纸一般有如下规范：

（1）每样设备名称必须呈现，比较小的设备与线缆类型可以使用图例呈现；如果同类型的设备有多个，需要分别编号区分。

（2）设备之间连线，保持横平竖直，并且必须标注清楚线的长度。

（3）非最底层设备必须标明设备安装位置。

（4）图纸右下角相关信息按实际情况填写。

6.2.3　图纸识读的技巧与方法

工程预算的第一步就是进行图纸识读，检查完设计图纸是否齐全并且符合规范之后，进行图纸识读。图纸识读时，必须要掌握一定的技巧与方法，方便更快、更好地完成图纸识读。

1. 识读技巧

正所谓"磨刀不误砍柴工"，在图纸识读时，不能盲目地去直接识读，需要掌握一定的识读技巧，再去进行识读，就能事半功倍。图纸识读技巧主要包括以下几个方面。

（1）掌握站点工程中可能涉及的电源、线缆、设备等各类施工内容的具体过程以及施工工艺。

（2）收集本次站点工程的各项资料，了解清楚工程相关的各项情况。

（3）识读时采取先整体、后局部的识读顺序。

（4）识读时先阅读图纸的图衔、文字说明、说明、图例等部分，再去识读图纸具体内容。

（5）识读时反复对照，找出规律。对图纸大体看过一遍后，再将有关图纸摆在一起，反复对照，找出内在的规律和联系，从而加深对图纸的理解。

（6）识读时可以图上标注，加强记忆。为了看图方便，加深记忆，可把某些图纸上的尺寸、说明、型号等标注到常用图纸上，如标注到平面图上等。这样可以加深记忆，有利于发现问题。

（7）识读时应随手记下需要解决的问题，并逐张看，逐张记，逐个解决疑难问题，以加深印象。

2. 识读方法

设计图纸是工程实施的依据，是"工程的语言"，它明确规定了要建造一套什么样的站点工程，并且具体规定了位置、尺寸、做法和技术要求。识读时要结合整个站点工程所有图纸配合看图，才能不出差错。为此必须学会识图方法，才能收到事半功倍的效果。

1）循序渐进

拿到一张图纸后，先看什么，后看什么，应该有主有次，一般是按如下顺序进行：

（1）首先仔细阅读设计说明，了解站点工程的概况、位置、标高、材料、施工注意事项以及一些特殊的技术要求，形成一个初步印象。

（2）看室外平面图，了解机房、塔桅、AAU 等室外设备的具体类型、设计方位、构造、尺寸等情况。室分工程看整体架构图。对站点工程形成一个整体概念。

（3）看室外立面图，从另一个角度了解各类室外设备的相关参数，对站点工程形成一个具体的概念。

（4）看机房设备布置平面图，了解机房内部各类设备的参数、类型及安装位置等具体情况。

（5）看走线架布置图，了解机房内走线架的具体情况，加深对机房内设备的了解。

（6）按区域看室分每个区域的设计图，了解楼层内室分设备相关情况与安装情况。

只有循序渐进，才能理解设计意图，看懂设计图纸，也就是说一般应做到"先看说明后看图；顺序最好为平、立。"这样才能收到事半功倍的效果。

2）记住尺寸

站点工程设计设备虽然各式各样，但都是通过各部分具体尺寸进行安装位置设计。俗话说："没有规矩，不成方圆。"图上如果没有长、宽、高等具体尺寸，施工人员就无法按图施工。

设计图纸上的尺寸很多，对于操作人员来说，不可能将图上所有的尺寸都记住。但是，对于主要设备的尺寸以及影响安装的，主要材料的规格、型号、位置、数量等，则是必须牢牢记住的。这样可以加深对设计图纸的理解，有利于概预算统计，避免错算或漏算。

3）弄清关系

看图时必须弄清每张图纸之间的相互关系。因为一张图纸无法详细表达站点工程所有部位的具体尺寸、做法和要求。必须用很多张图纸，从不同的方面表达某一个部位的做法和要求，这些不同部位的做法和要求，就是一个完整的站点工程的全貌。所以在一份施工图纸的各张图纸之间，都有着密切的联系。

图纸之间的主要关系，一般来说主要是：设备类型、数量、安装位置及编号要吻合；尺寸标注要吻合对应；土建和安装，对清洞、沟、槽；材料和标准，有关图中查；建筑和结构，前后要对照。

所以，弄清各张图纸之间的关系，是看图的重要环节，是发现问题、减少或避免差错的基本措施。

4）抓住关键

在看施工图时，必须抓住每张图纸中的关键，只有掌握住关键，才能抓住要害，少出差错。一般应抓住以下几个方面。

（1）室外平面图中的关键：首先确定正北方位，图上有指北针的以指北针为准，无指北针的以注释说明上的朝向为准。一般的平面图中，应符合上北下南、左西右东的规律。确认清楚 AAU 等隐藏设备的情况。确定长宽等参数。

（2）立面图中的关键：首先确定立面位置与视角，图上有指北针的以指北针为准，无指北针的以注释说明上的朝向为准。一般的立面图中，应符合朝北站立的规律。确定高度。

（3）机房内平面图中的关键：首先确定正北方位，然后确定开门方向与馈线窗位置，最后确认各个设备安装情况。

（4）机房内走线架平面图中的关键：首先确定正北方位，然后确定开门方向与馈线窗位置，最后确认走线架安装情况及加固件、连接件使用情况。

（5）楼层内室分设备安装平面图中的关键：首先确定正北方位，然后确认设备安装类型与编号，最后确认设备是否都已经连接及连线的长度。

（6）系统架构图中的关键：确认系统整体架构是否正确、设备数量和类型是否正确、设备安装位置是否正确、线缆连接与线长是否正确。

5）了解特点

站点工程要满足各种不同的设备的安装要求，在设计中就各有不同的特点。如 SPN 等有二次下电要求，就要连接二次下电端子；蓄电池组需要使用抗震架安装；壁挂安装与吸顶安装设计不同等。因此在识读每一张设计图纸时，必须了解该项工程的特点和要求。

只有了解一个工程项目的全部特点，才能更好地、更全面地理解设计图纸，保证工程的特殊需要。

6）图文表对照

一张完整的施工图纸，除了包括各种图纸外，还应包括各种文字说明与表格说明，这些说明具体归纳了各项工程的做法、尺寸、规格、型号，是设计图纸的组成部分。

在看施工图时，最好先将自己看图时理解到的各种数据，与有关表中的数据进行核对，如完全一致，证明图纸及理解均无错误；如发现型号不对、规格不符、数量不等时，应再次认真核对，进一步加深理解，提高对设计图纸的认识，同时也能及时发现图文表中的错误。

7）仔细认真

看图纸必须认真、仔细。对设计图中的每个数据、尺寸，每个图例、符号，每条文字说明，都不能随意放过。对图纸中表述不清或尺寸短缺的部分，需要联系相关人员核对清楚，绝不能自己凭空想象、估计、猜测，否则就会差之毫厘，失之千里。

另外，一份比较复杂的设计图纸，有时是由多个专业设计人员共同完成的，由于种种原因，在尺寸上可能出现某些矛盾。如总尺寸与细部尺寸不符，图例使用不一致等问题。还可能由于设计人员的疏忽，出现某些漏标、漏注部位。因此，概预算人员在看图时必须仔细认真，才能发现此类问题，然后与设计人员共同解决，避免错误的发生。

8）掌握技巧

看图纸和从事其他操作一样，除了熟练以外，需要掌握之前介绍的技巧。

9）形成整体概念

通过以上几个步骤，对站点工程就可以形成一个整体概念，对各个图纸的特点、形状、尺寸、布置和要求已十分清楚。有了这个整体概念，在识读图纸时就胸有成竹，可减少或避免错误。

因此，在识读图纸时，绝不能只看单张不看整体，就忙于开工。只有对站点工程形成了一个整体概念，才可以加深对工程的记忆和理解，可以更加顺利地进行概预算。

6.3　站点工程量统计

工程量统计首先要做的就是了解编制说明和预算规则，计算工程数量时必须要符合这些规则；其次就是要保证工程数量与设计图纸的一致性；如果受到设计图纸深度的限制，编制人员就要对项目进行深入和细化，仔细计算图纸中没有交代的项目，从而计算出全面的结果。

6.3.1　工程类型划分

通信工程按照现行通信建设工程预算定额可以分为五种类型，包括通信电源设备安装工程（代号TSD）、有线通信设备安装工程（代号 TSY）、无线通信设备安装工程（代号 TSW）、通信线路工程（代号TXL）、通信管道工程（代号 TCD）。

站点工程各项工作内容工程类型归属划分见表 6-2。

表 6-2　工程类型归属划分

站点工程内容	工程类型归属	备注
电源引入	通信电源设备安装工程	如果使用管道，管道相关施工内容属于通信管道工程
传输引入	通信线路工程，如果引入微波传输，属于无线通信设备安装工程	如果使用管道，管道相关施工内容属于通信管道工程
机房安装	无线通信设备安装工程	
塔桅安装	无线通信设备安装工程	
电源与防护设备安装	通信电源设备安装工程	
传输设备安装及布放线缆	有线通信设备安装工程	

站点工程内容	工程类型归属	备注
主设备与天馈安装及布放线缆	无线通信设备安装工程	
室分设备安装及布放线缆	无线通信设备安装工程	
配套设备安装	无线通信设备安装工程	
安装走线架／槽	无线通信设备安装工程	
电源系统调测	通信电源设备安装工程	
传输系统调测	通信线路工程，如果引入微波传输，属于无线通信设备安装工程	
基站设备调测	无线通信设备安装工程	

在实际工程中，根据当地运营商工程招标情况，站点工程各项工作内容会分开招标，由不同的施工单位进行施工。设计人员进行工程概算时需要计算工程全部内容；工程单位进行预算与结算时，只需要计算自己负责的工程内容；建设单位进行工程决算时，需要计算工程全部内容。

6.3.2 设备及材料统计

工程量统计时，首先进行设备与材料统计。设备指站点工程中所涉及的各类设备，材料指安装设备过程中所需要的各类线缆、接头、机框等材料。

1. 设备统计

设备统计时，根据识读所有设计图纸的结果，统计站点所有设备的名称、类型、单位、数量、尺寸、质量、相关参数等信息。一般情况下，站点工程设备都由建设方提供。具体情况见表 6-3。

表 6-3　设备统计示例

序号	设备名称	规格型号	单位	数量	单价/元（除税价）	尺寸（宽 × 深 × 高)/mm	质量/kg	备注
1	交流配电箱	×××	台	1	2 500	600 × 200 × 800	15	原有
2	蓄电池组	×××	组	2	17 000	1500 × 1000 × 800	1000	原有 1 组，新增 1 组
3	电源柜	×××	台	1	15 000	600 × 600 × 2000	280	原有
4	BBU	×××	套	1	13 000	600 × 600 × 200	10	新增
5	AAU	×××	副	4	30 000	200 × 100 × 800	20	新增
6	SPN	×××	台	1	7 500	600 × 600 × 200	10	新增
7	ODF	×××	套	1	800	600 × 600 × 400	10	新增

设备统计时，相关的所有设备都需要统计，设备型号要准确标注；设备单位按照定额标注；设备单价注意为除税价，默认货币单位人民币（元)；尺寸与质量按照实际情况统计；设备备注一定要写清楚，一般分为原有、新增、拆除、扩容几类。

2. 材料统计

材料统计时，根据识读所有设计图纸的结果，统计本次站点工程所有新增的材料的名称、类型、单位、单价、材料来源等信息。具体情况见表 6-4。

表 6-4　材料统计示例

序号	名称	类型	单位	单价 / 元 （除税价）	备注	材料来源
1	光电复合缆	国标铠装	m	4	含接头	施工方提供
2	射灯天线		副	190		施工方提供
3	全向吸顶天线		副	40		建设方提供
4	1/2 普通阻燃馈线		m	5		施工方提供
5	光缆成端接头材料		套	3		施工方提供
6	超六类网线		m	2	含接头	施工方提供
7	水晶头	RJ-45	个	1		施工方提供
8	LC-LC 光纤		m	1	含接头	施工方提供
9	LC-FC 光纤		m	2	含接头	施工方提供
10	电源线	$3 \times 4 \ mm^2$	m	6		施工方提供
11	电源线	$3 \times 2.5 \ mm^2$	m	4		施工方提供
12	电源线	$3 \times 6 \ mm^2$	m	8		施工方提供
13	接地线	$1 \times 16 \ mm^2$	m	7		施工方提供
14	线缆卡子		套	2		施工方提供
15	综合柜	落地式	个	1 500		建设方提供
16	机框	壁挂式	个	100		建设方提供

材料统计时，只统计本次站点工程所需使用的材料，材料型号要准确标注；设备单位按照材料类型；设备单价注意为除税价，默认货币单位人民币（元）；设备备注一定要写清楚。

如果涉及拆除材料，另立新表统计，需要标明拆除材料处理方式，一般分为清理入库与自行处理。清理入库指施工单位拆除材料后，根据材料类型按规定进行清理，并且存入建设单位仓库；自行处理为施工单位拆除材料后，根据需求自行处理，但是不可违反国家及地方相关规定（随地乱扔、垃圾分类等）。

3. 注意事项

（1）如果涉及使用进口设备与材料，需要使用外币，另立新表统计，在表格原有统计项的基础上，增加外币币种与外币单价，还需计算折合人民币的价格，还需要区分除税价与含税价。

（2）设备统计时，建设单位与设计单位需要统计所有材料，施工单位只需要统计本单位负责施工相关的材料。建设单位根据设备库存情况，确定是否需要进行另外采购。

（3）材料统计时，设计单位需要统计所有材料，施工单位只需要统计本单位负责施工相关的材料。建设单位根据材料库存情况，确定材料类型与数量是否满足工程需求，如有欠缺，按规定向上级部门请示，自行进行采购或与施工单位协商决定由哪方进行提供。

6.3.3 工程量计算

设备与材料统计完成，进行工程量计算。工程量计算时，建设单位与设计单位需要计算站点工程相关的所有工程量，施工单位只需要计算本单位负责的工程量。

工程量计算时，首先根据设备与材料统计结果，计算新增、拆除、扩容设备的工程量，原有设备不需要计算，拆除相关工程量每一样都需要标注清楚。然后根据设备采购合同，有的设备是由设备供应商负责安装，这部分设备的工程量不需要进行计算。

一般情况下，在实际站点工程中，电源引入与传输引入工作属于电源专业与线路专业负责的工程量，接地网、机房、塔桅一般都是土建专业负责的工程量，或者是由供应商负责安装，不计算在站点工程之内。

站点工程的工程量计算时，一般分为机房内设备安装、室外站机房外设备安装、室内分布设备安装、线缆连接、站点调测几部分。站点工程实施流程图如图6-27所示。

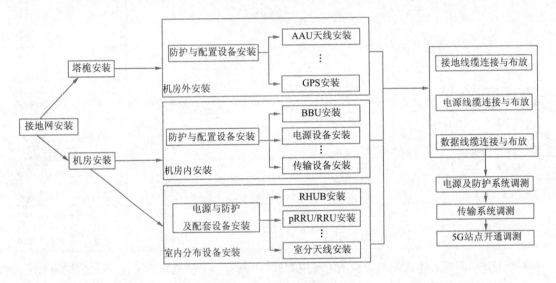

图 6-27　站点工程实施流程图

1. 机房内设备安装

机房内设备安装分为防护与配套设备安装、电源设备安装、传输设备安装、基站主设备安装。

1）防护与配套设备安装

防护与配套设备安装工作量一般包含以下几类：

（1）安装室内电缆槽道及走线架：开箱检验、清洁搬运、打孔、固定吊挂或支架、组装电缆走道、补漆、调整垂直与水平、安装固定等。

安装室内电缆槽道及走线架计算时，计量单位都为 m，电缆槽道根据其布放长度进行求和计算。走线架需要按水平走线架与垂直走线架分别计算。

如果非成套进行安装，需现场加工制作并安装，需要特殊标注出来。定额换算时原本工日 ×3。

（2）安装室内接地排：开箱检验、清洁搬运、划线定位、安装加固、清理现场等。

安装室内接地排计算时，计量单位为个，计算安装在室内接地排总数即可，综合柜安装在室内，柜内地排也属于室内地排。

（3）安装室内防雷箱：开箱检验、安装固定、连接地线、清理现场等。

安装室内防雷箱计算时，计量单位为套，计算安装在室内的防雷箱个数即可。

（4）安装室内防雷器：开箱检验、安装固定、连接地线、清理现场等。

安装室内防雷器计算时，计量单位为个，计算安装在室内的防雷器个数即可。电源柜等设备内部配备的防雷器不属于此项。

（5）安装室内综合柜 / 机框：开箱检验、清洁搬运、划线定位、安装固定等。

安装室内综合柜 / 机框计算时，计量单位为个，注意区分安装方式，分为落地与壁挂，还需要区分有源与无源（内部需要接电为有源，不需要接电为无源），根据各种类型分开统计。

（6）安装蓄电池抗震架：开箱检验、清洁搬运、组装、加固、补漆等。

安装室内蓄电池抗震架计算时，计量单位为 m，注意区分抗震架类型，根据层数与列数分为单层单列、单层双列、双层单列、双层双列，如果层数或列数超过 2，还需要特殊说明。根据各种类型分开统计。

（7）安装机房空调：开箱检验、设备就位、附件安装、安装室内（外）机、找正、固定等。

安装机房空调计算时，计量单位为台，首先注意区分空调安装方式，安装方式分为壁挂式、立式、吊顶式，然后注意区分空调制冷功率属于 40 kW 以上还是 40 kW 以下。空调内外机统一计算为一台。

（8）安装与调试监控设备：开箱检验、固定安装、连接连线、测试。

安装监控设备计算时，计量单位为点，需要区分不同的监控类型，分为动力监控、温湿度监控、烟感监控、门禁监控、水浸监控、配电监控。需要统计每种监控类型的具体安装点数。

（9）安装馈线窗：开箱检验、清洁搬运、安装、加固、密封处理、清理现场等。

安装馈线窗计算时，计量单位为个，统计时计算整体数量即可。

（10）封堵馈线窗：开箱检验、清洁搬运、安装、加固、密封处理、清理现场等。

封堵馈线窗计算时，计量单位为个，统计时计算整体数量即可。

（11）安装、调测网络管理系统设备（新建工程与纳入原有网管系统）：开箱检验、清洁搬运、划线定位、设备安装固定、设备标志、设备自检、数字公务系统运行试验、配合调测网管系统运行试验等。

安装、调测网络管理系统设备新建工程计算时，计量单位为套，一般一个站点默认为一套系统。

安装、调测网络管理系统设备纳入原有网管系统计算时，计量单位为站，一般一个站点默认为一个站。

2）电源设备安装

电源设备安装工作量一般包含以下几类：

（1）安装室内配电箱：开箱检验、清洁搬运、打孔、固定吊挂或支架、组装电缆走道、补漆、调整垂直与水平、安装固定等。

安装室内配电箱计算时，计量单位为台，注意区分安装方式，分为落地式与壁挂式，注意根据安装方式分开统计。

（2）安装高频开关整流模块：开箱检验、安装固定、接线连接等。

安装高频开关整流模块时，计量单位为个，注意区分电流大小，分为落地式 50A 以下、50 ～ 100 A、100 A 以上，注意根据电流大小分开统计。

（3）安装蓄电池组：开箱检验、清洁搬运、安装电池、调整水平、固定连线、电池标志、清洁整理等。安装蓄电池组时，计量单位为组，注意区分蓄电池类型、电压、容量，分开进行统计。

太阳能电池需要安装在室外，具体情况如表 6-5 所示。

表 6-5　安装蓄电池类型

蓄电池类型	电压 /V	容量
铅酸蓄电池组	24	200 A·h 以下
铅酸蓄电池组	24	200 ~ 600 A·h
铅酸蓄电池组	24	600 ~ 1 000 A·h
铅酸蓄电池组	24	1 000 ~ 1 500 A·h
铅酸蓄电池组	24	1 500 ~ 2 000 A·h
铅酸蓄电池组	24	2 000 ~ 3 000 A·h
铅酸蓄电池组	24	3 000 A·h 以上
铅酸蓄电池组	48	200 A·h 以下
铅酸蓄电池组	48	200 ~ 600 A·h
铅酸蓄电池组	48	600 ~ 1 000 A·h
铅酸蓄电池组	48	1 000 ~ 1 500 A·h
铅酸蓄电池组	48	1 500 ~ 2 000 A·h
铅酸蓄电池组	48	2 000 ~ 3 000 A·h
铅酸蓄电池组	48	3 000 A·h 以上
铅酸蓄电池组	300	200 A·h 以下
铅酸蓄电池组	300	200 ~ 600 A·h
铅酸蓄电池组	300	600 ~ 1 000 A·h
铅酸蓄电池组	400	200 A·h 以下
铅酸蓄电池组	400	200 ~ 600 A·h
铅酸蓄电池组	400	600 ~ 1 000 A·h
铅酸蓄电池组	400	1 000 A·h 以上
铅酸蓄电池组	500	200 A·h 以下
铅酸蓄电池组	500	200 ~ 600 A·h
铅酸蓄电池组	500	600 ~ 1 000 A·h
铅酸蓄电池组	500	1 000 A·h 以上
锂电池组		100 A·h 以下
锂电池组		100 ~ 200 A·h
锂电池组		200 A·h 以上
太阳能电池		500 Wp 以下

蓄电池类型	电压 /V	容量
太阳能电池		500 ~ 1 000 Wp
太阳能电池		1 000 ~ 1 500 Wp
太阳能电池		1 500 ~ 2 000 Wp
太阳能电池		2 000 ~ 3 000 Wp
太阳能电池		3 000 ~ 5 000 Wp
太阳能电池		5 000 ~ 7 000 Wp
太阳能电池		7 000 ~ 10 000 Wp

3）传输设备安装

传输设备安装工作量一般包含以下几类：

（1）安装光纤配线架：安装固定、增装适配器、清理现场等。

安装光纤配线架时，计量单位为套，光纤配线架一排为一套。

（2）安装传输设备子机框：开箱检验、清洁搬运、定位安装子架。

安装传输设备子机框时，计量单位为套。

（3）安装测试传输设备：开箱检验、清洁搬运、定位安装子架、装配接口板、设备开通测试、端口调测等。

安装测试传输设备时，计量单位为端口，注意区分端口类型，一般分为 FE、GE、10GE、25GE、40GE、50GE、100GE 及以上。计算时根据速率类型进行分开统计。

4）基站主设备安装

基站主设备安装工作量一般为以下内容：

安装基站主设备：开箱检验、清洁搬运、定位、（吊装）安装加固机架、安装机盘、清理现场等。

安装基站主设备工程量计算时，注意区分安装方式，不同的安装方式计量单位不一样，具体分为室外落地式（部）、室内落地式（架）、壁挂式（架）、机柜机箱嵌入式（台）。注意根据安装方式进行计算。

2. 室外站机房外设备安装

室外站机房外设备安装分为防护与配套设备安装、射频与天线设备安装。

1）防护与配套设备安装

防护与配套设备安装工作量一般包含以下几类：

（1）安装室外电缆槽道及走线架：开箱检验、清洁搬运、打孔、固定吊挂或支架、组装电缆走道、补漆、调整垂直与水平、安装固定等。

安装室外电缆槽道及走线架计算时，计量单位都为 m，电缆槽道根据其布放长度进行求和计算，走线架需要按水平走线架与沿外墙垂直走线架分别计算。

如果非成套进行安装，需现场加工制作并安装，需要特殊标注出来。定额换算时原本工日 ×3。

（2）安装室外接地排：开箱检验、清洁搬运、划线定位、安装加固、清理现场等。

安装室外接地排计算时，计量单位为个，计算安装在室外接地排总数即可，综合柜安装在室内，柜内地排也属于室内地排。

（3）安装室外防雷箱：开箱检验、安装固定、连接地线、清理现场等。

安装室内防雷器计算时，计量单位为套，注意区分安装位置为塔桅上还是非塔桅上。

（4）安装室外防雷器：开箱检验、安装固定、连接地线、清理现场等。

安装室外防雷器计算时，计量单位为个，计算安装在室外的防雷器个数即可。电源柜等设备内部配备的防雷器不属于此项。

（5）安装室外综合柜/机框：开箱检验、清洁搬运、划线定位、安装固定等。

安装室外综合柜/机框计算时，计量单位为个，注意区分安装方式，分为落地与壁挂，还需要区分有源与无源（内部需要接电为有源，不需要接电为无源），根据各种类型分开统计。

2）射频与天线设备安装

防护与配套设备安装工作量一般包含以下几类：

（1）安装普通天线设备：开箱检验、清洁搬运、吊装加固天线、调整方位角及俯仰角、清理现场等。

安装普通天线计算时，计量单位为副，注意从天线类型、塔桅类型、安装高度等三个维度进行区分统计。具体情况见表 6-6。

表 6-6　安装天线类型

天线类型	塔桅类型	安装高度
全向天线	楼顶铁塔	20 m 以下
全向天线	楼顶铁塔	20 m 以上
全向天线	地面铁塔	40 m 以下
全向天线	地面铁塔	40 ~ 80 m
全向天线	地面铁塔	80 ~ 90 m
全向天线	地面铁塔	90 m 以上
全向天线	拉线塔/桅杆	
全向天线	抱杆	
定向天线	楼顶铁塔	20 m 以下
定向天线	楼顶铁塔	20 m 以上
定向天线	地面铁塔	40 m 以下
定向天线	地面铁塔	40 ~ 80 m
定向天线	地面铁塔	80 ~ 90 m
定向天线	地面铁塔	90 m 以上
定向天线	拉线塔/桅杆	
定向天线	抱杆	
定向天线	室外壁挂	
小型化定向天线	铁塔	20 m 以下

天线类型	塔桅类型	安装高度
小型化定向天线	铁塔	20 m 以上
小型化定向天线	拉线塔 / 桅杆	
小型化定向天线	抱杆	
小型化定向天线	室外壁挂	

表6-6内安装高度指铁塔的安装高度,楼顶铁塔计算时,不计算大楼的高度,只计算铁塔本身的高度。

角钢塔、单管塔、三管塔等都属于铁塔。

未标明安装高度的塔桅类型不需要按照安装高度计算。

美化相关塔桅根据实际情况进行归属区分,美化方柱属于抱杆,美化空调根据安装位置属于抱杆或室外壁挂,美化树根据实际情况确定,美化排气管与美化集束天线一般由设备厂家辅助安装。美化罩安装天线时,需要特殊标注,进行定额换算,换算时原本工日乘以 1.3。

安装天线宽度超过 400 mm 时,需要特殊标注进行定额换算,换算时原本工日乘以 1.2。

安装室外天线 RRU 一体化设备(AAU)时,需要特殊标注进行定额换算,换算时原本工日乘以 1.5。

(2)配合天线美化处理:配合天线罩生产厂家进行安装。

配合天线美化处理计算时,计量单位为副,需要注意区分安装位置,一般分为铁塔上、楼顶上、外墙位置。根据安装方式进行分开计算。

(3)安装抛物面天线(微波天线):天线和天线架的搬运、吊装和安装就位、补漆等。

安装抛物面天线计算时,计量单位为副,需要注意区分天线直径、安装位置与安装高度,进行分开计算。具体分类见表6-7。

表6-7 安装抛物面天线类型

天线直径	安装位置	安装高度
1 m 以下	楼房上	10 m 以下
1 m 以下	楼房上	10 ~ 30 m
1 m 以下	楼房上	30 m 以上
1 m 以下	铁塔上	30 m 以下
1 m 以下	铁塔上	30 ~ 60 m
1 m 以下	铁塔上	60 ~ 80 m
1 m 以下	铁塔上	80 m 以上
1 ~ 2 m	地面水泥底座与 2.2 m 以下铁架上	
1 ~ 2 m	楼房上	10 m 以下
1 ~ 2 m	楼房上	10 ~ 30 m
1 ~ 2 m	楼房上	30 m 以上
1 ~ 2 m	铁塔上	30 m 以下

天线直径	安装位置	安装高度
1 ~ 2 m	铁塔上	30 ~ 60 m
1 ~ 2 m	铁塔上	60 ~ 80 m
1 ~ 2 m	铁塔上	80 m 以上
2 ~ 3.2 m	地面水泥底座与 2.2 m 以下铁架上	
2 ~ 3.2 m	楼房上	10 m 以下
2 ~ 3.2 m	楼房上	10 ~ 30 m
2 ~ 3.2 m	楼房上	30 m 以上
2 ~ 3.2 m	铁塔上	30 m 以下
2 ~ 3.2 m	铁塔上	30 ~ 60 m
2 ~ 3.2 m	铁塔上	60 ~ 80 m
2 ~ 3.2 m	铁塔上	80 m 以上
3.2 ~ 4 m	地面水泥底座与 2.2 m 以下铁架上	
3.2 ~ 4 m	楼房上	10 m 以下
3.2 ~ 4 m	楼房上	10 ~ 30 m
3.2 ~ 4 m	楼房上	30 m 以上
3.2 ~ 4 m	铁塔上	30 m 以下
3.2 ~ 4 m	铁塔上	30 ~ 60 m
3.2 ~ 4 m	铁塔上	60 ~ 80 m
3.2 ~ 4 m	铁塔上	80 m 以上

（4）抛物面天线配套安装：开箱检验、清洁搬运、吊装加固天线、清理现场等。

抛物面天线配套安装计算时，计量单位为套，注意区分天线直径与配套安装类型，进行分开计算。抛物面天线直径为 2 m 以下时，不涉及配套安装，具体情况见表 6-8。

表 6-8　配套安装抛物面天线类型

天线直径	配套安装类型
2 ~ 3.2 m	天线加边、加罩
2 ~ 3.2 m	分瓣天线拼装
3.2 ~ 4 m	天线加边、加罩
3.2 ~ 4 m	分瓣天线拼装

（5）安装射频拉远设备（RRU）：开箱检验、清洁搬运、定位、安装加固设备、清理现场等。

室外安装射频拉远设备计算时，根据安装塔桅类型与安装高度分开计算，具体如表 6-9 所示。

表 6-9　安装塔桅类型与安装高度

安装塔桅类型	安装高度
楼顶铁塔	20 m 以下
楼顶铁塔	20 m 以上
地面铁塔	40 m 以下
地面铁塔	40 ~ 80 m
地面铁塔	80 ~ 90 m
地面铁塔	90 m 以上
拉线塔/ 桅杆	
抱杆	
室外壁挂	

表 6-9 内安装高度指铁塔的安装高度，楼顶铁塔计算时，不计算大楼的高度，只计算铁塔本身的高度。角钢塔、单管塔、三管塔等都属于铁塔。

未标明安装高度的塔桅类型不需要按照安装高度计算。

（6）安装调测 GPS 天线：GPS 天线、馈线系统的安装与调测等。

安装调测 GPS 天线计算时，计量单位为套，根据安装数量进行计算即可。安装 GPS 天线需要配套安装一个防雷器，需要另外计算，注意不要遗漏。

3. 室内分布设备安装

室内分布设备安装分为防护与配套设备安装、室内分布有源设备安装、室内分布无源设备安装。

1）防护与配套设备安装

防护与配套设备安装工作量一般包含以下几类：

（1）安装室内电缆槽道及走线架：开箱检验、清洁搬运、打孔、固定吊挂或支架、组装电缆走道、补漆、调整垂直与水平、安装固定等。

安装室内电缆槽道及走线架计算时，计量单位都为 m，电缆槽道根据其布放长度进行求和计算，走线架需要按水平走线架与垂直走线架分别计算。

如果非成套进行安装，需现场加工制作并安装，需要特殊标注出来。定额换算时原本工日 ×3。

（2）安装室内综合柜 / 机框：开箱检验、清洁搬运、划线定位、安装固定等。

安装室内综合柜 / 机框计算时，计量单位为个，注意区分安装方式，分为落地与壁挂，还需要区分有源与无源（内部需要接电为有源，不需要接电为无源），根据各种类型分开统计。

（3）开挖墙洞：确定位置、开挖或打穿墙洞、抹水泥等。

开挖墙洞工程量计算时，计量单位为处，统计开挖的总数即可。

（4）打穿楼墙洞：确定位置、开挖或打穿墙洞、抹水泥等。

打穿楼墙洞工程量计算时，计量单位为处，注意区分墙体类型，分为砖墙与混凝土墙，统计时按照类型分开统计。

（5）封堵电缆洞：确定位置、开挖或打穿墙洞、抹水泥等。

封堵电缆洞工程量计算时，计量单位为处，统计开挖的总数即可。

2）室内分布有源设备安装

室内分布有源设备安装工作量一般包含以下几类：

（1）安装基站主设备：开箱检验、清洁搬运、定位、（吊装）安装加固机架、安装机盘、清理现场等。

安装基站主设备时，注意区分安装方式，不同的安装方式计量单位不一样，具体分为室外落地式（部）、室内落地式（架）、壁挂式（架）、机柜机箱嵌入式（台）。注意根据安装方式进行计算。

（2）安装射频拉远设备（RRU）：开箱检验、清洁搬运、定位、安装加固设备、清理现场等。

安装射频拉远设备工程量计算时，安装方式默认为室内壁挂，计算时统计安装射频拉远设备数量即可。

（3）安装无线局域网交换机（RHUB）：开箱检验、清洁搬运、定位安装、互连、接口检查等。

安装射频拉远设备工程量计算时，不必区分安装方式，计算时统计安装的无线局域网交换机设备数量即可。

（4）安装室内天线（pRRU）：开箱检验、清洁搬运、安装加固天线、调整角度、清理现场等。

安装室内天线工程量计算时，注意区分安装位置与方式，分为电梯井安装、楼层内 6 m 以下安装、楼层内 6 m 以上安装。计算时根据安装位置与方式进行分开统计。

安装室内天线 RRU 一体化设备（pRRU）时，需要特殊标注进行定额换算，换算时原本工日乘以 1.2。

3）室内分布无源设备安装

室内分布无源设备安装工作量一般包含以下几类：

（1）安装调测室内天、馈线附属设备放大器或中继器：开箱检验、清理搬运、安装、加固、清理现场等。

安装调测放大器或中继器工作量计算时，计量单位为个，统计设备类型与数量即可。

如果安装位置为电梯井时，需要特殊标注进行定额换算，换算时原本工日乘以 2。

（2）安装调测天、馈线附属设备合路器、分路器（功分器、耦合器、电桥）：开箱检验、清理搬运、安装、加固、清理现场等。

安装调测合路器、分路器工作量计算时，计量单位为个，统计设备类型与数量即可。

如果安装位置为电梯井时，需要特殊标注进行定额换算，换算时原本工日乘以 2。

（3）安装调测室内天、馈线附属设备光纤分布主控单元：开箱检验、清理搬运、安装、加固、清理现场等。

安装调测光纤分布主控单元工作量计算时，计量单位为架，统计设备类型与数量即可。

如果安装位置为电梯井时，需要特殊标注进行定额换算，换算时原本工日乘以 2。

（4）安装调测室内天、馈线附属设备光纤分布扩展单元：开箱检验、清理搬运、安装、加固、清理现场等。

安装调测光纤分布扩展单元工作量计算时，计量单位为单元，统计设备类型与数量即可。

如果安装位置为电梯井时，需要特殊标注进行定额换算，换算时原本工日乘以 2。

（5）安装调测室内天、馈线附属设备光纤分布远端单元：开箱检验、清理搬运、安装、加固、清理现场等。

安装调测光纤分布远端单元工作量计算时，计量单位为单元，统计设备类型与数量即可。

如果安装位置为电梯井时，需要特殊标注进行定额换算，换算时原本工日乘以 2。

（6）安装多系统合路器：开箱检验、清洁搬运、安装固定。

安装多系统合路器工作量计算时，计量单位为台，注意区分安装方式，分为落地式、壁挂式、机柜 / 机框嵌入式，按照安装方式分开统计设备类型与数量。

（7）安装落地式基站功率放大器：开箱检验、清理搬运、安装、加固、清理现场等。

安装光纤分布远端单元工作量计算时，计量单位为架，统计设备类型与数量即可。

（8）安装室内天线：开箱检验、清洁搬运、安装加固天线、调整角度、清理现场等。

安装室内天线工程量计算时，计量单位为套，注意区分安装位置与方式，分为电梯井安装、楼层内 6 m 以下安装、楼层内 6 m 以上安装。计算时根据安装位置与方式进行分开统计。

4. 线缆连接

线缆连接工作量一般分为电力电缆、光纤与光电复合缆、馈线、辅助设备。

1）电力电缆

（1）制作安装电力电缆接头（包含电源线与接地线）：剥线头、压（焊）接线端子、绝缘处理、测试等。

制作电力电缆接头工作量计算时，计量单位为十个，注意区分电缆线芯横截面积进行分开计算，具体分类见表 6-10。

表 6-10　电缆线芯类型

电缆线芯横截面积/mm²						
16 以下	16~35	35~70	70~120	120~185	185~240	240~300

站点工程默认电压低于 1 kV，如果电压不低于 1 kV，不能按照此类型进行计算。

（2）布放电力电缆（包含电源线与接地线）：检验、搬运、量裁、布放、绑扎、卡固、穿管、穿洞、对线、剥保护层、压接铜或铝接线端子、包缠绝缘带、固定等。

布放电力电缆工程量计算时，计量单位为十米条，注意区分电缆线芯横截面积、安装位置与电缆芯数进行分开计算，电缆线芯横截面积分类见表 6-10，安装位置分为室内和室外，芯数为电缆具体芯数。

计算时默认为单芯电力电缆，如果为其他芯数，需要备注清楚进行定额工日换算，具体为 2 芯，按单芯 ×1.35 计算；3 芯或 3+1 芯，按单芯 ×2 计算；5 芯，按单芯 ×2.75 计算。

2）光纤与光电复合缆

（1）安装光模块：开箱检验、安装固定等。

安装光模块工程量计算时，计量单位为个，计算时统计所有使用的光模块个数即可。

（2）制作光缆成端接头：检验器材、尾纤熔接、测试衰减、固定活接头、固定光缆等。

制作光缆成端接头工程量计算时，计量单位为芯，计算时统计所有成端光缆的芯数即可。

（3）放绑软光纤：放绑、固定软光纤连接器、预留保护。

放绑软光纤工程量计算时，计量单位为米条，计算时需要统计本站点工程使用的每条光纤及其布放位置，长度不大于 15 m 的只需计算条数即可，长度大于 15 m 的除了计算条数，还需要计算每条光纤的具体长度，计算时可向上取整精确到 m。

如果安装位置为天花板或地板内，需标注清楚进行定额工日换算，换算时原本工日 ×1.8。

（4）布放光电复合缆：搬运布放、安装加固、连接固定、做标记、清理现场等。

布放光电复合缆工程量计算时，计量单位为米条，计算时需要统计本站点工程使用的所有光电复合缆，求和即可。

3）馈线

（1）布放射频同轴电缆（馈线）：布放馈线 [（1/2）in（1 in=2.54 cm）及以下]。

布放（1/2）in 及以下馈线工程量计算时，注意区分线缆长度与安装类型进行分开统计，天线长度不超过 4 m，只需要统计条数；天线长度超过 4 m，除了需要统计条数，还需要统计每条馈线的具体长度，计算时可向上取整精确到 m。

如果布放馈线类型小于（1/2）in，需标注清楚进行定额工日换算，换算时原本工日 ×0.4。

如果在套管、竖井或顶棚上方布放馈线时，需标注清楚进行定额工日换算，换算时原本工日 ×1.3。

如果在普通隧道内布放馈线时，需标注清楚进行定额工日换算，换算时原本工日 ×1.3。

如果在高铁隧道内布放馈线时，需标注清楚进行定额工日换算，换算时原本工日 ×1.5。

（2）布放射频同轴电缆（馈线）：布放馈线 [（7/8）in 及以下，不包含（1/2）in 及以下]。

布放（7/8）in 及以下馈线工程量计算时，计算时注意区分线缆长度与安装类型进行分开统计，天线长度不超过 10 m，只需要统计条数；天线长度超过 10 m，除了需要统计条数，还需要统计每条馈线的具体长度，计算时可向上取整精确到米。

如果在套管、竖井或顶棚上方布放馈线时，需标注清楚进行定额工口换算，换算时原本工日 ×1.3。

如果在普通隧道内布放馈线时，需标注清楚进行定额工日换算，换算时原本工日 ×1.3。

如果在高铁隧道内布放馈线时，需标注清楚进行定额工日换算，换算时原本工日 ×1.5。

（3）布放射频同轴电缆（馈线）：布放馈线 [（7/8）in 以上]。

布放（7/8）in 以上馈线工程量计算时，计算时注意区分线缆长度与安装类型进行分开统计，天线长度不超过 10 m，只需要统计条数；天线长度超过 10 m，除了需要统计条数，还需要统计每条馈线的具体长度，计算时可向上取整精确到米。

如果在套管、竖井或顶棚上方布放馈线时，需标注清楚进行定额工日换算，换算时原本工日 ×1.3。

如果在普通隧道内布放馈线时，需标注清楚进行定额工日换算，换算时原本工日 ×1.3。

如果在高铁隧道内布放馈线时，需标注清楚进行定额工日换算，换算时原本工日 ×1.5。

如果布放馈线为泄露式馈线时，需标注清楚进行定额工日换算，换算时原本工日 ×1.1。

4）辅助设备

（1）安装走线管：管材检查、配管、敷管、固定、试通、整理等。

安装走线管工程量计算时，计算时走线管类型分为 PVC 管、钢管、波纹软管，计算时根据走线管类型进行分开统计即可。

（2）安装馈线支架：开箱检验、清洁搬运、量裁、定位、安装加固、清理现场等。

安装馈线支架工程量计算时，计量单位为个，计算时统计所有个数进行求和即可。

5. 站点调测

站点调测工作量一般分为电源与接地调测、传输调测、主设备与天馈调测。

1）电源与接地调测

（1）接地电阻测试：前期准备、测试、数据记录等。

接地电阻测试工程量计算时，计量单位为组，每根接地线为一组，计算时统计所有接地线即可。

（2）电源系统绝缘测试：电源系统综合指标测试、高压绝缘测试等。

电源系统绝缘测试工程量计算时，计量单位为系统，一般情况下，一个站点一套电源系统。

（3）开关电源系统调测：电池监测，电压设定，测量电池温度变化的补充控制浮充电压，自动升压充电和升压充电持续时间的控制，整流器、线路故障检测及各种信号告警特性，电池充放电电流控制，预防电池深放电选择，并机性能等。

开关电源系统调测工程量计算时，计量单位为系统，一般情况下，一个站点一套开关电源系统。

（4）配电系统自动性能调测：配电系统自动切换性能测试等。

配电系统自动性能调测工程量计算时，计量单位为系统，一般情况下，一个站点一套配电系统。

（5）无人值守站内电源设备系统联测：人工倒换供电，调压器（稳压器）供电，市电直接供电，监测性能，市电、油机电源故障自动保护性能，机组运行自动保护性能，遥控性能，遥信性能，自动装置，调试等。

无人值守站内电源设备系统联测工程量计算时，计量单位为站，一般情况下，一个站点为一个站。

（6）太阳能电池控制屏联测：电流、电压测试，数据记录整理等。

太阳能电池控制屏联测工程量计算时，计量单位为方阵，统计时计算本站点太阳能电池方阵数。

2）传输调测

（1）调测摄像设备：加电、调测记录、整理等。

调测摄像设备工程量计算时，计量单位为台，计算时统计所有摄像设备数量即可。

（2）微波抛物面天线与馈线调测：调测天线接收场强、聚焦及天线驻波比，调测馈线损耗、极化去耦、驻波比，调测系统极化去耦等。

微波抛物面天线与馈线工程量计算时，馈线计量单位为条，计算时统计使用的所有馈线条数即可。

抛物面天线需要根据安装位置与天线直径分开计算，具体分类如表 6-11 所示。

表 6-11　调测抛物面天线类型

安装位置	天线直径
山头、楼房上	1 m 以下
山头、楼房上	1～3.2 m
山头、楼房上	3.2～4 m
铁塔上	1 m 以下
铁塔上	1～3.2 m
铁塔上	3.2～4 m

3）主设备及天馈调测

（1）宏站馈线调测：调测宏站天、馈线系统的驻波比、损耗及智能天线权值等。

宏站馈线调测工程量计算时，计量单位为条，计算时注意区分（1/2）馈线与（7/8）馈线进行分开统计。若多个频段在同一条同轴电缆调测时，每增加一个频段则人工工日及仪表都增加 0.3 系数。

（2）室分馈线调测：调测室分天、馈线系统的驻波比、损耗及智能天线权值等。

室分馈线调测工程量计算时，计量单位为条，计算时统计除漏缆之外的所有馈线条数即可。

若多个频段在同一条同轴电缆调测时，每增加一个频段则人工工日及仪表都增加 0.3 系数。

（3）泄露式馈线调测：调测泄露式馈线系统的驻波比、损耗及智能天线权值等。

泄露式馈线调测工程量计算时，计量单位为百米条，计算时统计漏缆的条数与长度。

若多个频段在同一条同轴电缆调测时，每增加一个频段则人工工日及仪表都增加 0.3 系数。

（4）配合调测天、馈线系统：测试区域的协调、硬件调整等。

配合调测天、馈线系统工程量计算时，计量单位为扇区，计算时统计站点的扇区数即可。

（5）基站系统调测：硬件检验、频率调整、告警测试、功率调整、时钟校正、传输测试、数据下载、呼叫测试、文件整理等。

基站系统调测工程量计算时，计量单位为扇区，计算时统计站点的扇区数即可。

（6）配合基站系统调测：测试区域的协调、硬件调整等。

配合基站系统调测工程量计算时，按站点类型计算，定向站计量单位为扇区，计算时统计站点的扇区数即可；全向站计量单位为站，一个站点默认为一个站。

全向站点如果为远端与近端相距 1 km 以上的宏站拉远站，需要标注进行定额换算，按配合工日乘 1.2。

（7）站点联网调测：覆盖测试、传输电路验证、切换测试、干扰测试、告警测试、数据整理。

站点联网调测工程量计算时，计量单位为扇区，计算时统计站点的扇区数即可。

（8）配合联网调测，配合基站割接、开通：测试区域的协调、硬件调整等。

站点联网调测工程量计算时，计量单位为站，计算时默认一个站点为一个站。

（9）无线局域网交换机（RHUB）调测：单机测试、设备性能测试、系统性调测等。

无线局域网交换机（RHUB）调测工程量计算时，计量单位为台，计算时统计站点内使用的 RHUB 台数即可。

6.3.4　建筑安装工程费解析

建筑安装工程费简称建安费，分为含税价与除税价两种。含税价由直接费、间接费、利润、销项税额四项组成，除掉销项税额为除税价。

1. 直接费

直接费由直接工程费与措施费组成。

1）直接工程费

直接工程费是指站点工程中工程实体直接相关的费用，包含人工费、材料费、机械使用费与仪器仪表使用费。

（1）人工费。人工费是指站点工程中负责工程实施的生产人员的开支费用，分为技工费与普工费。根据国家最新规定，技工费单价为每个工日 114 元，普工费单价为每个工日 61 元。具体计算方法如下：

$$人工费 = 技工单价 × 技工总工日 + 普工单价 × 普工总工日$$

（2）材料费。材料费是指站点工程实施中实际消耗的原材料、材料配件、材料运输等各项费用。一般分为主要材料费与辅助材料费。

① 主要材料费。主要材料费 = 材料原价 + 运杂费 + 运输保险费 + 采购及保管费 + 采购代理服务费。

材料原价为材料供应商的供货价或供货地点价。

运杂费为材料运输产生的费用，计算方法为：运杂费 = 材料原价 × 器材运杂费费率。

运杂费按实际情况记取，如果某些材料供应商提供运输则不需要记取。运杂费计算时需要区分材料类型与材料运输距离。

具体情况见表 6-12。

表 6-12　器材运杂费费率

运输距离 /km	器材类型					
	光缆	电缆	塑料及塑料制品	木材及木材制品	水泥及水泥制品	钢材及其他
100 km 以下	1.3%	1%	4.3%	8.4%	18%	3.6%
101 ~ 200 km	1.5%	1.1%	4.8%	9.4%	20%	4%
201 ~ 300 km	1.7%	1.3%	5.4%	10.5%	23%	4.5%
301 ~ 400 km	1.8%	1.3%	5.8%	11.5%	24.5%	4.8%
401 ~ 500 km	2%	1.5%	6.5%	12.5%	27%	5.4%
501 ~ 750 km	2.1%	1.6%		14.7%		6.3%
751 ~ 1 000 km	2.2%	1.7%		16.8%		7.2%
1 001 ~ 1 250 km	2.3%	1.8%		18.9%		8.1%
1 251 ~ 1 500 km	2.4%	1.9%		21%		9%
1 501 ~ 1 750 km	2.6%	2%		22.4%		9.6%
1 751 ~ 2 000 km	2.8%	2.3%		23.8%		10.2%
2 000 km 以上每增加 250 km 增加	0.3%	0.2%		1.5%		0.6%

运输保险费 = 材料原价 × 运输保险费费率 0.1%。

采购及保管费 = 材料原价 × 采购及保管费费率。

采购及保管费费率需要区分工程类型，通信线路工程为 1.1%、设备安装工程为 1%、通信管道工程为 3%。

采购及代理服务费 = 材料原价 × 运输保险费费率（1%），根据实际情况进行收取。

② 辅助材料费。辅助材料费 = 主要材料费 × 辅助材料费费率。

辅助材料费费率需要区分工程类型，通信线路工程为 0.3%，通信管道工程为 0.5%、设备安装工程为 3%、通信电源设备安装工程为 5%。其他类型的工程不需要计算本费用。

（3）机械使用费。机械使用费是指在站点工程施工生产过程中，使用各种机械所支付或耗费的费用。计算时先分开计算每样机械的机械使用费，再统一相加即为工程总的机械使用费。

机械使用费 = 机械台班单价 × 机械台班用量。

（4）仪器仪表使用费。仪器仪表使用费是指在站点工程施工生产过程中，使用各种仪器仪表所支付或耗费的费用。计算时先分开计算每样仪器仪表的仪表使用费，再统一相加即为工程总的仪器仪表使用费。

仪器仪表使用费 = 仪器仪表台班单价 × 仪器仪表台班用量。

2）措施费

措施费是指站点工程中非工程实施实体而产生的相关费用，包含文明施工费、工地器材搬运费、工程干扰费、工程点交与场地清理费、临时设施费、工程车辆使用费、夜间施工增加费、冬雨季施工增加费、生产工具用具使用费、施工用水电蒸汽费、特殊地区施工增加费、已完工程及设备保护费、运土费、施工队伍调遣费、大型施工机械调遣费。各类费用根据站点工程实际情况进行记取。

（1）文明施工费。文明施工费是指站点工程遵守文明施工规范与环保要求所需要的相关费用。

文明施工费 = 人工费 × 文明施工费费率。

文明施工费费率需要区分工程类型，通信线路工程为 1.5%、无线通信设备安装工程为 1.1%、通信管道工程为 1.5%。其他类型的工程不需要计算本费用。

（2）工地器材搬运费。工地器材搬运费是指在站点工程中，将器材由仓库搬运至工地现场而产生的费用。

工地器材搬运费 = 人工费 × 工地器材搬运费费率。

工地器材搬运费费率需要区分工程类型，通信线路工程为 3.4%、设备安装工程为 1.1%、通信管道工程为 1.2%。

（3）工程干扰费。工程干扰费是指站点工程受到交通管制、市政管理、人员及配套设施等各种原因影响而产生补偿费用。

工程干扰费 = 人工费 × 工程干扰费费率。

工程干扰费费率需要区分工程类型，通信线路工程为 6%、无线通信设备安装工程为 4%、通信管道工程为 6%。其他类型的工程不需要计算本费用。

（4）工程点交与场地清理费。工程点交与场地清理费是指站点工程按照规定编制竣工相关资料、工程点交、清理施工现场等工作所产生的相关费用。

工程点交与场地清理费 = 人工费 × 工程点交与场地清理费费率。

工程点交与场地清理费费率需要区分工程类型，通信线路工程为 3.3%、通信管道工程为 1.4%。其他类型的工程不需要计算本费用。

（5）临时设施费。临时设施费是指站点工程中，涉及临时建筑物及其他临时设施的相关费用。临时设施费根据实际情况进行计取。

（6）工程车辆使用费。工程车辆使用费是指站点工程中使用车辆所产生的费用（包含过路费、过桥费）。

工程车辆使用费 = 人工费 × 工程车辆使用费费率。

工程车辆使用费费率需要区分工程类型，通信线路工程为 5%、通信管道工程为 2.2%、无线通信设备安装工程为 5%、有线通信设备安装工程为 2.2%、通信电源设备安装工程为 2.2%。

（7）夜间施工增加费。夜间施工增加费是指站点工程中因夜间施工所产生的费用，包含夜间照明设备使用及电费、夜间施工补助等费用以及工作效率降低所增加的费用。

夜间施工增加费 = 人工费 × 夜间施工增加费费率。

夜间施工增加费费率需要区分工程类型，通信线路工程为 2.5%、通信管道工程为 2.5%、设备安装工程为 2.1%。

（8）冬雨季施工增加费。冬雨季施工增加费是指站点工程中因冬季和雨季施工所产生的费用，包含防冻、防寒、保温、防雨、防滑等措施费用以及工作效率降低所增加的费用。

冬雨季施工增加费 = 人工费 × 冬雨季施工增加费费率。

冬雨季施工增加费费率需要区分工程类型与地区类型，具体情况见表 6-13。

表 6-13　冬雨季施工增加费费率

地区类型	工程类型			具体地区
	设备安装工程	通信线路工程	通信管道工程	
Ⅰ 类	3.6%	3.6%	3.6%	黑龙江、青海、新疆、西藏、辽宁、内蒙古、吉林、甘肃
Ⅱ 类	2.5%	2.5%	2.5%	陕西、广东、广西、海南、浙江、福建、四川、宁夏、云南
Ⅲ 类	1.8%	1.8%	1.8%	其他地区

（9）生产工具用具使用费。生产工具用具使用费是指站点工程中不属于固定资产的生产工具用具的购买、摊销、维修所产生的费用。

生产工具用具使用费 = 人工费 × 生产工具用具使用费费率（1.5%）。

（10）施工用水电蒸汽费。施工用水电蒸汽费是指站点工程中使用水、电、蒸汽所产生的费用。根据实际情况进行计取。

（11）特殊地区施工增加费。特殊地区施工增加费是指海拔 2 000 m 以上、沙漠等特殊地区的站点工程所产生的补贴费用。

特殊地区施工增加费 = 总工日 × 特殊地区补贴金额。

特殊地区施工增加费的总工日包含技工与普工的所有工日，特殊地区补贴金额区分地区类型。

具体情况见表 6-14。

表 6-14　特殊地区补贴

特殊地区类型	补贴金额 / 元
海拔 2 000 ~ 3 000m	8
海拔 3 000 ~ 4 000m	8
海拔 4 000m 以上	25
原始森林地区（室外）及沼泽地区	17
非固定沙漠地带（室外）	17

（12）已完工程及设备保护费。已完工程及设备保护费是指在竣工验收之前，站点工程中保护已完工的工程与设备所产生的费用。

已完工程及设备保护费 = 人工费 × 已完工程及设备保护费费率。

已完工程及设备保护费费率需要区分工程类型，通信线路工程为 2%、通信管道工程为 1.8%、无线通信设备安装工程为 1.5%、有线通信设备安装工程为 1.8%。其他类型的工程不需要计算本费用。

（13）运土费。运土费是指在站点工程中从其他地点运土至工程地点或从工程地点运土至其他地点所产生的费用。根据实际情况进行计取。

（14）施工队伍调遣费。施工队伍调遣费是指在站点工程中施工队伍调遣所产生的费用。

施工队伍调遣费 = 单程调遣费定额 × 调遣人数 × 2（往返）。

单程调遣费定额根据实际调遣距离而不同，实际调遣距离指单位所在地计算到施工所在地的最短距离，按照铁路或者公路进行计算，非直线距离。单程调遣费定额具体情况见表 6-15。

表 6-15　单程调遣费定额具体情况

调遣距离	单程调遣费 / 元	调遣距离	单程调遣费 / 元
35 km 以下	0	1 601 ~ 1 800 km	634
35 ~ 100 km	141	1 801 ~ 2 000 km	675
101 ~ 200 km	174	2 001 ~ 2 400 km	746
201 ~ 400 km	240	2 401 ~ 2 800 km	918
401 ~ 600 km	295	2 801 ~ 3 200 km	979
601 ~ 800 km	356	3 201 ~ 3 600 km	1 040
801 ~ 1 000 km	372	3 601 ~ 4 000 km	1 203
1001 ~ 1 200 km	417	4 001 ~ 4 400 km	1 271
1201 ~ 1 400 km	565	4 400 km 以上时每增加 200 km 增加	48
1 401 ~ 1 600 km	598	1 271+(调遣距离 -4 400)×48÷200	

调遣人数根据工程类型与总工日数量进行确定。如果计算时出现小数向上取整。具体情况见表 6-16。

表 6-16　施工队伍调遣人数

通信线路工程与通信管道工程			
总工日	调遣人数	总工日	调遣人数
500 工日以下	5	9 000 工日以下	50
1 000 工日以下	10	10 000 工日以下	55
2 000 工日以下	17	15 000 工日以下	60
3 000 工日以下	24	20 000 工日以下	80
4 000 工日以下	30	25 000 工日以下	95
5 000 工日以下	35	30 000 工日以下	105
6 000 工日以下	40	30 000 工日以上时，每增加 5 000 工日增加	120
7 000 工日以下	45		3
8 000 工日以下	50	120+(总工日 -30 000)×3÷5 000	
设备安装工程			
总工日	调遣人数	总工日	调遣人数
500 工日以下	5	4 000 工日以下	30
1 000 工日以下	10	5 000 工日以下	35
2 000 工日以下	17	5 000 工日以上时，每增加 1 000 工日增加	3
3 000 工日以下	24	35+(总工日 -5 000)×3÷1 000	

　　(15) 大型施工机械调遣费。大型施工机械调遣费是指在站点工程中大型施工机械调遣所产生的费用。

大型施工机械调遣费＝调遣用车运价 × 调遣运距 ×2（往返）。

调遣运距根据实际情况进行计取；调遣用车运价根据运输车辆吨位与运输距离进行确定，具体情况见表 6-17。

表 6-17　运输距离与运价

运输车吨位 /t	运输距离与运价 / 元	
	小于 100 km	大于 100 km
5	10.8	7.2
8	13.7	9.1
15	17.8	12.5

2. 间接费

间接费由规费与企业管理费组成。

1）规费

规费是指站点工程中，国家有关部门规定必须缴纳的费用。包含工程排污费、社会保障费、住房公积金、危险作业意外伤害保险费。

（1）工程排污费。工程排污费根据国家规定与工程所在地政府部门相关规定进行计取。

（2）社会保障费。社会保障费是指企业为员工缴纳的养老保险费、失业保险费、医疗保险费、生育保险费与工伤保险费。

社会保障费 = 人工费 × 社会保障费费率（28.5%）。

（3）住房公积金。住房公积金是指企业为员工缴存的长期住房储蓄。

住房公积金 = 人工费 × 住房公积金费率（4.19%）。

（4）危险作业意外伤害保险费。

危险作业意外伤害保险费是指企业为从事危险作业的施工人员支付的意外伤害保险费。

危险作业意外伤害保险费 = 人工费 × 危险作业意外伤害保险费费率（1%）。

2）企业管理费

企业管理费是指施工单位进行经营管理与施工生产所需的相关费用。包含施工单位管理人员的工资、办公费、差旅费等各项费用。

企业管理费 = 人工费 × 企业管理费费率（27.4%）。

3. 利润

利润是指施工单位完成所承包的工程中获得的盈利。

利润 = 人工费 × 利润率（20%）。

4. 销项税额

销项税额是指增值税纳税人销售货物、加工修理修配劳务、服务、无形资产或者不动产，按照销售额和适用税率计算并向购买方收取的增值税税额。通俗来说就是按照国家相关规定计入工程造价的增值税销项税额。

销项税额 = (人工费 + 国内主材 + 辅助材料费 + 机械使用费 + 仪表使用费 + 措施费 + 规费 + 企业

管理费 + 利润) × 税率 + 甲方提供主材费 × 相关税率。

根据〔2016〕451 号文件,通信工程概预算定额库规定税率为 11%;2018 年,国家财政部发布文件《税务总局关于调整增值税税率的通知》将税率调整为 10%;2019 年,国家财政部发布文件《关于深化增值税改革有关政策的公告》将税率调整为 9%,一直使用至今。

甲方提供主材费与相关税率根据实际情况进行计取。

5. 设备、工器具购置费

设备、工器具购置费是指在站点工程中,根据设计方案要求,提出的设备、设备配件、仪器仪表、工器具清单,按照设备原价、运杂费、运输保险费、采购及保管费和采购代理服务费来计算的费用。

设备、工器具购置费 = 设备原价 + 运杂费 + 运输保险费 + 采购及保管费 + 采购代理服务费。

1)设备原价

设备原价是指设备供应价,或者设备供货地点的价格。

2)运杂费

运杂费是指设备运输过程中的运输费与装卸费、手续费等相关费用。运杂费一般包含从设备供应地点到工程项目地市仓库、从工程项目地市仓库到工程现场两段。有的设备厂家提供运送至工程项目地市仓库,则此设备此段不需要进行计算运杂费;如果厂家运送至工程现场,则此设备不需要进行计算运杂费。

运杂费 = 设备原价 × 设备运杂费费率(见表 6-18)。

表 6-18　设备运杂费费率

运输里程	费率	运输里程	费率
100 km 以内	0.8%	750 ~ 1000 km	1.7%
100 ~ 200 km	0.9%	1 000 ~ 1250 km	2%
200 ~ 300 km	1%	1 250 ~ 1 500 km	2.2%
300 ~ 400 km	1.1%	1 500 ~ 1 750 km	2.4%
400 ~ 500 km	1.2%	1 750 ~ 2 000 km	2.6%
500 ~ 750 km	1.5%	2 000 km 以上每增 250 km 增加	0.1%

运输里程超过 2 000 km 时,运杂费费率计算公式为

设备运杂费费率(%)= 2.6+(运输里程 −2 000)× 0.1 ÷ 250。

3)运输保险费

运输保险费 = 设备原价 × 设备运输保险费费率(0.4%)。

4)采购及保管费

采购及保管费 = 设备原价 × 采购及保管费费率。

采购及保管费费率需要根据设备类型进行区分,需要安装的设备为 0.82%、不需要安装的设备为 0.41%。

5)采购代理服务费

采购代理服务费主要是指采购国外进口设备材料所产生的相关费用,根据实际情况进行计取。如

果涉及外币，计取时注意外币币种类型，并且按照国家官方标准汇率折算为人民币。

6.3.5　工程建设其他费用解析

工程建设其他费用是指在站点工程项目投资建设过程中，开支的固定资产其他费用、无形资产费用与其他资产费用，又称"其他费"。

（1）建设用地及综合赔补费。建设用地及综合赔补费是指在站点工程项目中，按照国家相关规定，站点工程项目征用土地或租用土地的相关费用。

计算时按照土地面积与类型，根据国家与地方相关规定按照实际情况进行计取。如果土地上原有建筑物需要进行迁建，迁建相关的补偿费用也需要按照规定进行计取，一起计算在内。

（2）建设单位管理费。建设单位管理费是指站点工程中涉及建设单位管理相关的费用。具体计算方法见表 6-19。

表 6-19　建设单位管理费计算方法

工程总预算	费率	本阶段内算法
1 000 万元以下	1.5%	工程费 ×1.5%
1 001 ~ 5 000 万元	1.2%	工程费 ×1.2%
5 001 ~ 10 000 万元	1%	工程费 ×1.0%
10 001 ~ 50 000 万元	0.8%	工程费 ×0.8%
50 001 ~ 100 000 万元	0.5%	工程费 ×0.5%
10 0001 ~ 20 0000 万元	0.2%	工程费 ×0.2%
20 0000 万元以上	0.1%	工程费 ×0.1%

建设单位管理费为阶梯式计费（类似于电费），先区分工程总预算算各个阶段的费用，最后统一相加可得建设单位管理费。

（3）可行性研究费。可行性研究费是指在站点工程项目前期，按规定应计入交付使用财产成本的可行性研究费用。包括：为进行可行性研究工作而购置的固定资产支出、经可行性研究决定建设项目或取消项目所发生的该项费用。

可行性研究费根据项目实际情况进行计取。

（4）研究试验费。研究试验费是指为站点工程建设项目提供或验证设计数据、资料所进行必要的研究试验和按照设计规定在施工过程中必须进行的试验项目所发生的费用，以及支付科研成果、专利、先进技术的专利费或转让费。

研究试验费根据项目实际情况进行计取。

（5）勘察设计费。勘察设计费是指为站点工程中勘察、设计、模拟测试所发生的相关费用。

勘察设计费＝勘察费＋设计费＋模测费。

勘察设计费根据项目实际情况与工程当地的具体规定进行计取。一般情况下，5G 站点勘察与设计费用合为每个站点 4 250 元，模测费根据情况另外计算。

（6）环境影响评价费。环境影响评价费是指按照《中华人民共和国环境保护法》、《中华人民共和国环境影响评价法》等规定，为全面、详细评价本建设项目对环境可能产生的污染或造成的重大影响所需的费用。

环境影响评价费根据项目实际情况进行计取。

（7）建设工程监理费。建设工程监理费是指在站点工程中，建设单位委托监理单位对工程进行监理的费用。

建设工程监理费 = 建筑安装工程费（除税价）× 建设工程监理费费率。

建设工程监理费费率由建筑安装工程费（除税价）的额度与工程类型决定，具体情况见表 6-20。

表 6-20　建设工程监理费费率

建筑安装工程费 M / 除税价	通信线路工程	设备安装工程	通信管道工程
$M < 50$ 万	4.00%	2.80%	4.40%
50 万 ≤ M ≤ 100 万	4.00%	2.80%	4.40%
100 万 ≤ M < 300 万	3.50%	2.45%	3.85%
300 万 ≤ M < 500 万	3.00%	2.10%	3.30%
500 万 ≤ M < 800 万	2.50%	1.75%	2.75%
800 万 ≤ M < 1 000 万	2.25%	1.58%	2.48%
1 000 万 ≤ M < 3 000 万	2.00%	1.40%	2.20%
3 000 万 ≤ M < 5 000 万	1.70%	1.19%	1.87%
5 000 万 ≤ M < 8 000 万	1.40%	0.98%	1.54%
8 000 万 ≤ M < 10 000 万	1.30%	0.91%	1.43%
10 000 万 ≤ M < 30 000 万	1.20%	0.84%	1.32%
30 000 万 ≤ M < 50 000 万	1.00%	0.70%	1.10%
50 000 万 ≤ M < 100 000 万	0.80%	0.56%	0.88%
M ≥ 100 000 万	0.60%	0.42%	0.66%

（8）安全生产费。安全生产费是指在站点工程中，施工单位按照国家相关规定，购置安全防护设备器具，落实安全生产措施与完善安全生产条件所产生的相关费用。

安全生产费根据项目实际情况进行计取。

（9）引进技术及进口设备其他费。引进技术及进口设备其他费是指在站点工程中，引进资料翻译复制费用、备用品件测绘费用、出国人员费用、来华人员费用、银行担保费与承诺费。

安全生产费根据项目实际情况进行计取，计取时如果涉及外币，注意外币币种类型，并且按照国家官方标准汇率折算为人民币。

（10）工程保险费。工程保险费是指站点工程在施工建设期间根据需要实施工程保险所需的费用，包括以站点各种工程及其在施工过程中的物料、机器设备为保险标的的站点工程一切险，以安装工程中的各种设备材料为保险标的的安装工程一切险，以及机器损坏保险等。

工程保险费根据项目实际情况进行计取。

（11）工程招标代理费。工程招标代理费是指在站点工程中，招标人委托代理机构进行招标代理相关的各项业务费用。

工程招标代理费根据项目实际情况进行计取。

（12）专利及专利技术使用费。专利及专利技术使用费是指在站点工程中，招标人委托代理机构进行招标代理相关的各项业务费用。

专利及专利技术使用费根据项目实际情况进行计取。

（13）其他费用。其他费用是指在站点工程中涉及的其他必需费用，根据站点工程实际情况进行计取。

（14）生产准备及开办费。生产准备及开办费是指站点工程为保证正常生产（或营业、使用）而发生的人员培训费、提前进场费以及投产使用初期必备的生产生活用具、工器具等购置费用。

生产准备及开办费 = 相关人数 × 生产准备费指标。

生产准备及开办费根据项目实际情况自行测算计取。

（15）预备费。预备费是指站点工程中初步设计和概算中难以预料的工程费用。

预备费 =（建筑安装工程费除税价 + 其他费）× 预备费费率。

预备费费率需要区分工程类型，通信线路工程为 4%、通信管道工程为 5%、设备安装工程为 3%。

6.4　定额使用

定额可以把各项工程量按照一定的规范统计起来，大家都遵循这个规范，才能进行标准概预算，保证工程顺利进行。无规矩不成方圆，如果没有定额，概预算时各项费用没有统一的标准，就完全乱套，工程也难以顺利进行。

6.4.1　定额概述

1. 定额的概念

为了预计某一工程所花费的全部费用，需要引入工程造价的概念。工程造价是指进行某项工程建设所花费的全部费用。工程造价是一个广义概念，在不同的场合，工程造价含义不同。由于研究对象不同，工程造价有建设工程造价、单项工程造价、单位工程造价以及建筑安装工程造价等。

通信工程概预算是在工程实施阶段工程造价的基础，而通信工程概预算是以定额为计价依据的。

所谓定额，就是在一定的生产技术和劳动组织条件下，完成单位合格产品在人力、物力、财力的利用和消耗方面应当遵守的标准。

通信工程概预算是对通信工程建设所需要全部费用的概要计算，通信工程建设费用为

$$\sum(\text{工程量} \times \text{单价}) + \sum \text{设备材料费用} + \text{相关费用}$$

工程量及单价的计算依据国家颁布相关的定额。

在生产过程中，为了完成某一单位合格产品，就要消耗一定的人工、材料、机具设备和资金。由于这些消耗受技术水平、组织管理水平及其他客观条件的影响，所以其消耗水平是不相同的。因此，为了统一考核其消耗水平，便于经营管理和经济核算，就需要有一个统一的平均消耗标准，这个标准就是定额。

定额反映了行业在一定时期内的生产技术和管理水平，是企业搞好经营管理的前提，也是企业组

织生产、引入竞争机制的手段，是进行经济核算和贯彻按劳分配原则的依据。它是管理科学中的一门重要学科，属于技术经济范畴，是实行科学管理的基础工作之一。

定额成为企业管理的一门独立科学，开始于 19 世纪末至 20 世纪初，特别是美国工程师弗·温·泰罗的现代科学管理，即"泰罗制"，其核心观念包括制定科学的工时定额、实行标准的操作方法、强化和协调职能管理及有差别的计件工资。在当时的背景条件下，推动企业管理的发展，也使资本家获得了巨额利润。

我国建设工程定额管理，经历了一个从无到有、从建立发展到被削弱破坏，又从整顿发展到改革完善的曲折道路。特别是到了 20 世纪 90 年代以后，工程建设定额管理逐步改革完善。2008 年，工信部规〔2008〕75 号文件，颁布了新编的《通信建设工程概算、预算编制办法》及相关定额。2016 年，工信部通信〔2016〕451 号文件，更新了《通信建设工程概算、预算编制办法》及相关定额。

2. 定额的特点

1）科学性

科学性是由现代社会化大生产的客观要求所决定的，包含两方面含义：

（1）建设工程定额必须和生产力发展水平相适应，反映出工程建设中生产消费的客观规律。

（2）建设工程定顿管理在理论、方法和手段上必须科学化，以适应现代科学技术和信息社会发展的需要。

2）系统性

工程建设本身是个实体系统，包括了农林水利、轻纺、仪表、煤炭，电力、石油、冶金、交通运输、科学教育文化、通信工程等 20 几个，而工程定额就是为这个实体系统服务的，因而工程建设本身的多种类、多层次决定了以它为服务对象的建设工程定额的多种类、多层次。这种多种定额结合而成的有机的整体，构成了定额的系统性。

3）统一性

建设工程定额的统一性由国家经济发展的有计划的宏观调控职能决定。为了使国民经济按照既定的目标发展，就需要借助于某些标准、定额、参数等，对工程建设进行规划、组织、调节、控制。这些标准、定额、参数在一定范围内必须具有统一的尺度，这样才能实现上述职能，才能利用它对项目的决策、设计方案、投标报价、成本控制进行比较、选择和评价。

4）权威性和强制性

建设工程定额的权威性表现在其具有经济法规性质和执行的强制性。强制性反应刚性约束，意味着在规定范围内，对于定额的使用者和执行者来说，不论主观上愿意不愿意，都必须按定额的规定执行。

5）稳定性和时效性

建设工程定额的任何一种都是一定时期技术发展和管理的反映，因而在一段时期内都表现出稳定的状态，根据具体情况不同，稳定的时间有长有短，保持建设工程定额的稳定性是维护建设工程定额的权威性所必需的，更是有效贯彻建设工程定额所必需的。

稳定性是相对的，生产力向前发展了，建设工程定额就会与已经发展了的生产力不相适应。其原有作用就会逐步减弱乃至消失，甚至产生负效应。因此，建设工程定额在具有稳定性的同时，也具有时效性。当定额不再起到促进生产力发展的作用时，就需要重新编制或修订。

3. 定额的分类

1）按建设工程定额反应物质消耗内容分类

（1）劳动消耗定额，简称劳动定额，完成单位合格产品规定活劳动消耗的数量标准，仅指活劳动的消耗，不是活劳动和物化劳动的全部消耗。由于劳动定额大多采用工作时间消耗量来计算劳动消耗的数量，所以劳动定额主要表现形式是时间定额，但同时也表现为产量定额。

（2）材料消耗定额，简称材料定额，完成单位合格产品所消耗材料的数量标准。材料是指工程建设中使用的原材料、成品、半成品、构配件等。

（3）仪表消耗定额，简称仪表定额，完成单位合格产品所规定的施工仪表的数量标准。仪表消耗定额的主要表现形式是仪表时间定额，但同时也以产量定额表现。我国仪表消耗定额主要是以一台仪表工作一个工作班（8 h）为计量单位，所以又称仪表台班定额。

2）按主编单位和管理权限分类

（1）行业定额，是各行业主管部门根据其行业工程技术特点，以及施工生产和管理水平编制的，在本行业范围内使用的定额。如《通信建设工程施工机械、仪表合班费用定额》等。

（2）地区性定额，包括省、自治区、直辖市定额，是各地区主管部门考虑本地区特点而编制的，在本地区范围内使用的定额。如《北京市建设工程预算定额》。

（3）企业定额，施工企业考虑本企业具体情况，参照行业或地区性定额的水平编制的定额。企业定额只在本企业内部使用，是企业素质的一个标志。如《×× 公司生产工时费用定额》。

（4）临时定额，是指随着设计、施工技术的发展在现行各种定额不能满足需要的情况下，为了补充缺项由设计单位会同建设单位所编制的定额。如《中国电信集团FTTx等三类工程项目补充施工定额》。

4. 预算定额与概算定额

1）预算定额

预算定额是编制预算时使用的定额，是确定一定计量单位的分部分项工程或结构构件的人工（工日）、仪表（台班）和材料的消耗数量标准。

（1）预算定额的作用：

① 是编制施工图预算、确定和控制建筑安装工程造价的计价基础。

② 是落实和调整年度建设计划，对设计方案进行技术经济分析比较的依据。

③ 是施工企业进行经济活动分析的依据。

④ 是编制标底投标报价的基础。

⑤ 是编制概算定额和概算指标的基础。

（2）现行通信建设工程预算定额编制原则：

① 控制量：指预算定额中的人工、主材、仪表台班消耗量是法定的，任何单位和个人不得擅自调整。

② 量价分离：预算定额只反映人工、主材、仪表台班消耗量，而不反映其单价。单价由主管部门或造价管理归口单位另行发布。

③ 技普分开：凡是由技工操作的工序内容均按技工计取工日，凡是由非技工操作的工序内容均按普工计取工日。

2) 概算定额

概算定额是编制概算时使用的定额。概算定额是在初步设计阶段确定建筑（构筑物）概略价值、编制概算、进行设计方案经济比较的依据。

与预算定额相比，概算定额的项目划分比较粗，例如挖土方的概算只综合成一个项目，不再划分一、二、三、四类土，而预算却要按分类计算，因此，根据概算定额计算出的概算费用要比预算定额计算出的费用有所扩大。

概算定额是编制初步设计概算时，计算和确定扩大分项工程的人工、材料、仪表、仪表台班耗用量（或货币量）的数量标准。它是预算定额的综合扩大，因此，概算定额又称扩大结构定额。

概算定额的作用：

(1) 是初步设计阶段编制建设项目概算和技术设计阶段编制修正概算的依据。

(2) 是设计方案比较的依据。

(3) 是编制主要材料需要量的计算基础。

(4) 是工程招标和投资估算指标的依据。

(5) 是工程招标承包制中，对已完工工程进行价款结算的主要依据。

6.4.2 定额目录

1. 定额分册简介

现行通信建设工程预算定额按通信专业工程分册，包括五册：第一册为通信电源设备安装工程（册名代号 TSD），第二册为有线通信设备安装工程（册名代号 TSY），第三册为无线通信设备安装工程（册名代号 TSW），第四册为通信线路工程（册名代号 TXL），第五册为通信管道工程（册名代号 TGD）。通信建设工程预算定额由总说明、册说明、章节说明和定额项目表等构成，其中总说明、册说明、章节说明内容可在定额中查询，定额项目表列出了分部分项工程所需的人工、主材、仪表台班、仪表台班的消耗量，通常所说查询定额即指查询上述内容。

概预算定额子目编号由三部分组成：第一部分为册名代号，表示通信行业的各个专业，由汉语拼音（字母）缩写组成；第二部分为定额子目所在的章号，由一位阿拉伯数字表示；第三部分为定额子目所在章内的序号，由三位阿拉伯数字表示。其具体编号示意图如图 6-28 所示。

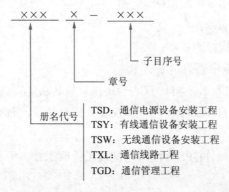

图 6-28　概预算定额子目编号示意图

例如，TSW1-012 含义为：无线通信设备安装工程第一章第 012 项子目。

2. 通信电源设备安装工程

1）本册简介

概预算定额第一册为通信电源设备安装工程，本册共分为七章，涵盖了通信设备安装工程中所需的全部供电系统配置的安装项目，内容包括 10 kV 以下的变、配电设备，机房空调和动力环境监控，电力缆线布放，接地装置，供电系统配套附属设施的安装与调试。本册不包括 10 kV 以上电气设备安装；不包括电气设备的联合试运转工作。

2）安装与调试高、低压供电设备

通信电源设备安装工程第一章为安装与调试高、低压供电设备，本章共分为六节，涵盖了市电 10 kV 进局供电系统的高、低压供电设备，变压设备以及控制设备的安装与调试。本章不包括供电设备安装调试过程中所涉及的油罐使用及线缆安装。

3）安装与调试发电机设备

通信电源设备安装工程第二章为安装与调试发电机设备，本章共分为九节，主要内容包括发电机设备及其各种附件的安装与调试，适用于往复式柴油发电机组和燃气轮机发电机组设备。本章不包括发电机设备安装调试过程中涉及的线缆安装，不包括安装风力发电机时涉及的基础施工与杆塔加工。

4）安装交直流电源设备、不间断电源设备

通信电源设备安装工程第三章为安装交直流电源设备、不间断电源设备，本章共分为六节，主要内容包括安装蓄电池组及附属设备、安装太阳能电池、安装与调试交流不间断电源、安装开关电源设备、安装配电换流设备、无人值守供电系统联测。不包括发配电换流设备的安装过程中涉及的柜（屏）安装用支架的制作安装。

5）机房空调及动力环境监控

通信电源设备安装工程第四章为机房空调及动力环境监控，本章共分为两节，主要内容包括安装与调试机房空调与动力环境监控系统，其中机房空调分为机房专用空调和通用空调两种，工作内容均包含了空调室内机、室外机和附件等的安装与调试。不包括布放监控信号线。

6）敷设电源母线、电力和控制缆线

通信电源设备安装工程第五章为敷设电源母线、电力和控制缆线，本章共分为五节，主要内容包括电源母线的制作与安装、母线槽的安装、电缆的布放以及电缆端头的制作等，其中封闭式插接母线槽按制造厂家提供的成品考虑，定额仅含安装工作内容。本章不包括室外直埋方式布放电力电缆过程中涉及的地上与地下障碍物的处理。

7）接地装置

通信电源设备安装工程第六章为接地装置，本章共分为两节，主要内容为制作安装接地极、板与敷设接地母线及测试接地网电阻，并且包括施工过程中的挖填土与夯实工作。本章不包括高土壤电阻率地区，此类地区的接地装置与接地测定另行处理。

8）安装附属设施

通信电源设备安装工程第七章为安装附属设施，本章共分为五节，主要内容包括安装电缆桥架、电源支撑架、吊挂；制作与安装穿墙洞板、铁构件与箱盒；铺地漆布、制作安装机座及加固等。本章不包括开挖路面及挖填电缆沟施工中涉及的地下、地上障碍物的处理。

3. 有线通信设备安装工程

1）本册简介

概预算定额第二册为有线通信设备安装工程，本册共分为五章，涵盖了安装机架、缆线及辅助设备；安装、调测光纤数字传输设备；安装、调测数据通信设备；安装、调测交换设备；安装、调测视频监控设备。

2）安装机架、缆线及辅助设备

有线通信设备安装工程第一章为安装机架、缆线及辅助设备，本章共分为六节，主要内容包括安装机架、机柜、机箱，安装配线架，安装保安配线箱，安装列架照明、机台照明、机房信号灯盘，布放设备缆线及软光纤，安装防护加固设施。

3）安装、调测光纤数字传输设备

有线通信设备安装工程第二章为安装、调测光纤数字传输设备，本章共分为七节，主要内容包括安装测试传输设备、安装测试波分复用设备与光传送网设备、安装调测再生中继及远供电源设备、安装调测网络管理系统设备、调测系统通道、安装调测同步网设备、安装调测无源光网络设备。

4）安装、调测数据通信设备

有线通信设备安装工程第三章为安装、调测数据通信设备，本章共分为三节，主要内容包括数据通信设备所需的机柜、机盘、插板等硬件安装和调测。

5）安装、调测交换设备

有线通信设备安装工程第四章为安装、调测交换设备，本章共分为四节，主要内容包括电路交换方式和分组交换方式的交换网络设备、智能网设备、信令网设备的安装与调测，其中交换网络设备安装工程包括固定交换网络和移动交换网络的设备。

6）安装、调测视频监控设备

有线通信设备安装工程第五章为安装、调测视频监控设备，本章共分为十一节，主要内容包括视频监控通信设备所需的支撑物、线缆、设备等硬件安装和调测。

4. 无线通信设备安装工程

1）本册简介

概预算定额第三册为无线通信设备安装工程，本册共分为五章，涵盖了安装机架、缆线及辅助设备；安装移动通信设备；安装微波通信设备；安装卫星地球站设备；铁塔安装工程。

2）安装机架、缆线及辅助设备

无线通信设备安装工程第一章为安装机架、缆线及辅助设备，本章共分为四节，主要内容包括安装无线通信设备各专业工程所涉及的机架缆线及辅助设备、安装电缆槽道及走线架。

3）安装移动通信设备

无线通信设备安装工程第二章为安装移动通信设备，本章共分为四节，主要内容包括安装调测移动通信天线馈线、安装调测基站设备、联网调测、安装调测无线局域网设备（WLAN）。本章不包括安装移动天线时涉及的基础支撑物安装。

4）安装微波通信设备

无线通信设备安装工程第三章为安装微波通信设备，本章共分为五节，主要内容包括安装调测微波天馈线、安装调测数字微波设备、微波系统调测、安装调测一点多址数字微波通信设备、安装调测视频传输设备。本章不包括安装微波天线时涉及的基础支撑物安装。

5）安装卫星地球站设备

无线通信设备安装工程第四章为安装卫星地球站设备，本章共分为四节，主要内容包括安装调测国内卫星通信地球站工程和 VSAT 卫星通信地球站工程的设备。

6）铁塔安装工程

无线通信设备安装工程第五章为铁塔安装工程，本章共分为两节，主要内容包括铁塔组装起立和基础工程。本章不包括航空标志（航空警示灯、涂刷标志漆等）安装。

5. 通信线路工程

1）本册简介

概预算定额第四册为通信线路工程，本册共分为七章，涵盖了通信光（电）缆的直埋、架空、管道、海底等线路的新建工程。

2）施工测量、单盘检验与开挖路面

通信线路工程第一章为施工测量、单盘检验与开挖路面，本章共分为两节，主要内容包括施工测量、单盘检验、开挖路面。本章不包括开挖路面涉及的地下、地上障碍物处理用工、用料。

3）敷设埋式光（电）缆

通信线路工程第二章为敷设埋式光（电）缆，本章共分为四节，主要内容包括挖/填光（电）缆沟及接头坑、敷设埋式光（电）缆、埋式光（电）缆保护与防护、敷设水底光缆。本章不包括挖、填光（电）缆沟及接头坑工程中涉及的地下、地上障碍物处理用工、用料，不包括安装水线光缆标志牌、信号灯工程中引入外部供电线路工作。

4）敷设架空光（电）缆

通信线路工程第三章为敷设架空光（电）缆，本章共分为四节，主要内容包括立杆、安装拉线、架设吊线、架设光(电)缆。本章不包括安装拉线地锚工程时使用的地锚铁柄和水泥拉线盘两种材料。

5）架设光（电）缆

通信线路工程第四章为架设光（电）缆，本章共分为三节，主要内容包括敷设管道光（电）缆、敷设引上光（电）缆、敷设墙壁光（电）缆。

6）敷设其他光（电）缆

通信线路工程第五章为敷设其他光（电）缆，本章共分为四节，主要内容包括气流法敷设光缆、敷设室内通道光缆、槽道（地槽）及顶棚内布放光（电）缆、敷设建筑物内光（电）缆。本章不包括建筑群子系统架空、管道、直埋、引上及墙壁敷设光（电）缆工程。

7）光（电）缆接续与测试

通信线路工程第六章为光（电）缆接续与测试，本章共分为两节，主要内容包括光缆接续与测试、电缆接续与测试。

8）安装线路设备

通信线路工程第七章为安装线路设备，本章共分为五节，主要内容包括安装光（电）缆进线室设备、安装室内线路设备、安装室外线路设备、安装分线设备、安装充气设备。

6. 通信管道工程

1）本册简介

概预算定额第五册为通信管道工程，本册共分为四章，涵盖了通信管道工程所涉及的各项内容。

2）施工测量与挖、填管道沟及人孔坑

通信管道工程第一章为施工测量与挖、填管道沟及人孔坑，本章共分为三节，主要内容包括施工测量与开挖路面、开挖与回填管道沟及人（手）孔坑、碎石底基、挡土板及抽水。

3）铺设通信管道

通信管道工程第二章为铺设通信管道，本章共分为八节，主要内容包括混凝土管道基础、塑料管道基础、铺设水泥管道、铺设塑料管道、铺设镀锌钢管管道、地下定向钻敷管、管道填充水泥砂浆、混凝土包封及安装引上管、砌筑通信光（电）缆通道。

4）砌筑人（手）孔

通信管道工程第三章为砌筑人（手）孔，本章共分为四节，主要内容包括砖砌人（手）孔（现场浇筑上覆）、砖砌人（手）孔（现场吊装上覆）、砌筑混凝土预制砖人孔（现场吊装上覆）、砖砌配线手孔。

5）管道防护工程及其他

通信管道工程第四章为管道防护工程及其他，本章共分为两节，主要内容包括防水、拆除及其他。

6.4.3 定额查询与套用

1. 定额查询方法

根据工程的材料及工作量统计结果，确定每条子目所属的工程类型，根据对应的定额分册查询统计结果对应的定额子目，即可确定所需工程项目的人工与材料消耗量。

人工与材料查询统计完成之后，根据人工与材料查询结果，查询所需的仪表与仪表的消耗量。

2. 定额套用方法

在编制预算时，根据设计图纸统计出的工作数量，乘以根据上述方法查询的定额值，即可计算工作量所需的人工、主要材料、仪表、仪表的总消耗量。

3. 注意事项

在定额查询套用时要注意以下几点：

（1）定额项目名称的确定。设计概预算的计量单位划分应与定额规定的项目内容相对，才能直接套用。一些定额子目相似度较高并且位置相连，如无线通信设备安装工程的安装抛物面天线，就有楼房上、铁塔上两种方式，并且还有 10 m 以下、30 m 以下、60 m 以下、80 m 以下等子目。所以一定要确认清楚再进行套用，避免误套。

（2）定额的计量单位。预算定额在编制时，为了保证预算价值的精确性，对许多定额项目，采用了扩大计量单位的办法。在使用定额时必须注意计量单位的规定，避免出现小数点定位的错误。如有线通信设备安装工程的布放线缆是以十米条为一个单位，不要错用米为单位。

（3）定额中的项目划分是按照分项工程对象和工种的不同、材料品种不同、仪表的类型不同而划分的。套用时要注意工艺、规格的一致性。如无线通信设备安装工程的安装射频拉远设备，就有楼顶铁塔上、地面铁塔上、抱杆上、楼外墙壁、室内壁挂等子目，一定要区分清楚之后再进行套用。

（4）注意定额项目表下的往释。因为注释说明了人工、主材、仪表台班消耗量的使用条件和增减的规定。

6.4.4　定额换算

1. 定额换算简介

当施工图的分项工程项目设计要求与定额的内容和使用条件不完全一致时，如果直接使用定额不太合适，为了能计算出符合设计要求的费用消耗，必须根据定额的有关规定进行换算。这种使定额的内容适应设计要求的差异调整是产生定额换算的原因。

通信工程概预算定额换算一般分为工日换算、机械换算、仪表换算、材料换算。

2. 工日换算

工日换算是指对人工工日进行定额换算，是通信工程概预算中使用最多的定额换算，很多时候，施工过程中涉及对一些原有设备进行拆除或者其他一些工作时，就需要用到工日换算。

例如：有线通信设备安装工程中拆除机架、缆线及辅助设备时，人工工日按安装时的工日乘以系数 0.4。

无线通信设备安装工程中安装室外天线 RRU 一体化设备时，人工工日按 RRU 安装工日乘以系数 0.5 后，再与天线安装工日相加进行计算。安装室内天线 RRU 一体化天线的安装工日，按室内天线安装工日乘以系数 1.2。

3. 机械换算

机械换算是指对机械进行定额换算，一般分为机械台班数量换算与机械台班类型换算。机械台班数量换算时只对使用机械台班数量进行换算，机械台班类型换算时关联的机械台班单价与工日也随之变更。

例如：无线通信设备安装工程中铁塔安装工程现浇基础时，工程实际若无筋基础，仪表台班数量按原本台班数量乘以系数 0.95。

通信线路工程中地下定向钻孔敷管时，原本使用仪表类型为 JXBC06（微控钻孔敷管设备 25 t 以下），如果施工路由长度超过 300 m 时，需换算使用 JXBC07（微控钻孔敷管设备 25 t 以上），台班单价与数量也随之变更。

4. 仪表换算

仪表换算是指对仪表台班数量进行定额换算。

例如：有线通信设备安装工程中安装测试传输设备时，如果安装测试的传输设备接口盘为 100Gbit/s 及以上，仪表台班数量按原本台班数量乘以系数 2.0。

5. 材料换算

材料换算是指对材料用量进行定额换算。

例如：通信电源设备安装工程中安装熔断器时，如果安装方式为带电安装，材料用量按原本材料用量乘以系数 2.0。

6.4.5 定额规范

1. 关于概预算定额

(1) 预算定额是编制施工图预算的依据，也是编制概算定额、概算指标的基础。为合理简化施工图预算的编制工作，预算定额应在合理确定定额水平的前提下，适当综合扩大，做到简明适用。

(2) 概算定额、概算指标主要是编制初步设计概算的依据，经主管部门决定或有关单位同意，也可以作为编制施工图预算的依据。各有关部门和各省、自治区、直辖市应根据工作需要，在预算定额的基础上进行编制。

(3) 估算指标主要是编制建设项目设计任务书（或可行性研究报告）投资估算的依据。各有关部门和各省、自治区、直辖市应根据工作需要，在现有工程造价资料等的基础上，经过分析整理进行编制。

(4) 切实加强补充定额工作。各部门、各地区的定额管理机构，应按照管理分工把编制补充预算定额作为一项重要任务，经常收集整理分析有关资料，及时制订必要的补充预算定额，以适应工作的需要。有关部门、单位应加强概算定额、概算指标和估算指标的补充工作。

2. 关于费用定额

(1) 建筑安装工程费，为由直接费、间接费和法定利润组成。现行施工独立费中的各项费用属于直接费性质的（如冬雨季施工增加费、夜间施工增加费等），改为其他直接费；属于间接费性质的（如临时设施费、劳保支出等），改为其他间接费，同施工管理费合并为间接费；属于其他费用性质的（如施工机构迁移费），改为"工程建设其他费用"。

(2) 间接费定额的计算基础。建设工程以直接费为计算基础，个别地区已以人工费加仪表费或根据人员类型数目进行划分。

3. 关于定额的管理分工

(1) 现行的通用设备安装工程预算定额、专业通用、专业专用的预算定额，改称全国统一定额。其中通用性强的全国统一预算定额由编制定额的部门组织审查，报国家计委批准颁发；其余的均由主管部门审批，报国家计委备案。

(2) 概算定额、概算指标和估算指标，分别由各有关部门和各省、自治区、直辖市主管部门审批，并报国家计委备案。

(3) 有关概预算定额等的编制管理办法、必要的统一性规定、定额的制订修订工作计划和通用性强的全国统一预算定额的审批等工作由国家计委负责。

4. 关于概预算定额的基价及其价差调整

(1) 各种概预算定额一般应列出基价。全国统一定额应按北京地区的工资标准、材料预算价格、仪表台班单价计算基价，主管部门另有规定的除外；地区统一定额和通用性强的全国统一预算定额，以省会所在地的工资标准、材料预算价格、仪表台班单价计算基价。在定额表中一般应列出基价所依据的单价并在附录中列出材料预算价格取定表。

(2) 编制概预算时，对概预算定额基价的调整可采取：一是按概预算定额的附表中列出的不同类型工程的万元工料表和工程所在地的相应的工资标准和材料预算价格计算价差调整系数；二是按工程项目的主要材料、人工费、仪表使用费的分析表和工程所在地的相应的工资标准、材料预算价格计算价差调整系数；或其他方法。

5. 关于定额的执行

（1）实行干什么工程用什么定额的办法。通信工程专业结合专业特点补充制订的预算定额，应具体明确适用于什么工程，以便有关单位采用。间接费定额与直接费定额一般应配套使用，执行什么直接费定额就采用相应的间接费定额。各专业部结合专业特点补充制订的预算定额，仍应按间接费定额的管理分工，采用相应的间接费定额。

（2）对于实行招标承包制的工程，施工企业在投标报价时，对各项定额可适当浮动。

6.5　概预算表格编制

概预算的最终任务是完成表格编制，概预算表格编制是概预算的最后一步。行百里者半九十，概预算表格编制时涉及的材料、人工、费率非常繁杂，编制时一定要认真仔细，避免出现错误。

6.5.1　概预算编制简介

1. 编制依据

概预算的编制必须根据工信部通信〔2016〕451 号颁布《信息通信建设工程概预算编制规程》、《信息通信建设工程费用定额》和《信息通信建设工程预算定额》（共五册）的要求进行，少量费率后期有调整的按照调整后的费率。

2. 编制内容

（1）工程概况，概预算总价值。

（2）编制依据及取费标准、计算方法的说明。

（3）工程技术、经济指标分析。

（4）需要说明的相关问题。

3. 编制程序

（1）熟悉设计图纸、收集资料。

（2）套用定额、计算工程量。

（3）选用设备、器材及价格。

（4）计算各种费用。

（5）复核。

（6）写编制说明。

（7）审核出版。

4. 编制要求及表格内容组成

（1）对通信建设工程应采用实物工程量法，按单项（或单位）工程和工程量计算规则进行编制。

（2）概预算表组成：

表一：工程概预算总表，供编制建设项目总费用使用。

表二：建筑安装工程费用概预算表，供编制建安费使用。

表三甲：建筑安装工程量概预算表，供编制建安工程量使用。

表三乙：建筑安装工程机械使用费概预算表，供编制建安机械台班费使用。

表三丙：建筑安装工程仪器仪表使用费概预算表，供编制建安仪器仪表台班费使用。

表四甲：国内器材概预算表，供编制设备费、器材费使用。

表四乙：引进器材概预算表，供编制引进设备费、器材费使用。

表五甲：工程建设其他费概预算表，供编制工程建设其他费使用。

表五乙：引进设备工程建设其他费概预算表，供编制引进工程建设其他费使用。

6.5.2　通信工程概预算编制注意事项

1. 定额手册注意事项

1）总说明部分

（1）通信建设工程预算定额是在国家标准的基础上制定出来的，是通信行业标准。

（2）通信建设工程实行"控制量"、"量价分离"、"技普分开"的原则。

（3）主要材料中已包括使用量和规定的损耗量，但不包括预留量，特别是光缆、电缆。

（4）辅材按主材的系数取定，便于编制。成套引进设备的工程，不计取此项。

（5）工日的内容包括工种间交叉配合、临时移动水电、设备调测、超高搬运、施工现场范围的器材运输及配合质量检验等。

（6）生产准备费计入企业运营费（维护费），不得计入工程费。

（7）土建、机房改造及装修的费用，一般不计入通信工程费。

2）手册说明

（1）拆除系数的取定：通常，设备工程按保护性取定；线路工程要根据实际情况，或按保护性，或按破坏性取定。

（2）对不能构成台班的"其他机械费"都包含在费用定额中的"生产工具使用费"内。

3）章节说明

（1）每章节的要求。

（2）有关定额所包含的工作内容及工程量计算规则。

每节的注释，要特别留意。

2. 合同规定注意事项

在实际工程建设过程中，工程预算的内容很多是根据工程建设方和工程相关方的合同约定来确定的。主要体现在：

（1）工程量由建设方和工程施工方双方认定。

（2）设备及器材价格由建设方和供货方双方商定。

（3）工程费用标准由建设方和工程施工方双方商定。

（4）其他费用由双方商定，如工程勘察设计费、工程监理费等。

（5）相关费用不符合定额规定，要做出相应说明。

6.5.3 概预算编制方法

1. 注意事项

在编制通信工程预算前，一要读懂工程设计图纸；二要清楚工程预算书中表与表之间的关系。

下面按照工信部通信〔2016〕451 号颁布《信息通信建设工程概预算编制规程》、《信息通信建设工程费用定额》和《信息通信建设工程预算定额》（共五册）的要求，说明通信工程概预算编制的方法。

2. 预算说明的编制

1）概述

按照不同的专业分别说明。主要内容包括：工程名称、工程地点、用户需求及工程规模、采用的安装方式、预算总值、投资分析等。

2）编制依据

编制依据主要包括：委托书、采用的定额和取费标准、设备及器材价格、政府及相关部门的规定、文件及合同、建设单位的规定等。

3）需要说明的问题

主要包括与工程相关的一些特殊问题。

3. 概预算表格的填写

通信工程预算文件共有五种表格十张表，表三甲是工程量表，只要确定了工程量，表三乙的机械台班量、表三丙的仪器仪表使用费、表四的设备和器材量也就明确了。在确定了工程量、器材价格和台班价格后，表二的工程安装费也就能计算出来，加上表四中实际安装的设备费用，就构成了工程费，再加上计算出来的工程建设其他费、预备费和建设期利息，最后就算出这项工程总预算费用了。因此，通常填写顺序为表三、表四、表二、表五、表一，下面按此顺序说明表格填写方法。

表格标题、表首填写说明：各类表格的标题空格处应根据编制阶段填写"概"或"预"；表格的表首填写具体工程的相关内容。

1）表三甲（工程量表）

具体表格见表 6-21。

表 6-21　建筑安装工程量＿＿＿＿算表（表三）甲

工程名称：　　　　　建设单位名称：　　　　　表格编号：　　　　　第　　页

序号	定额编号	项目名称	单位	数量	单位定额值 / 工日		合计值 / 工日	
					技工	普工	技工	普工
I	II	III	IV	V	VI	VII	VIII	IX

设计负责人：　　　　　审核：　　　　　编制：　　　　　编制日期：　年　月

（1）表三甲的填表说明：

① 本表供编制工程量，并计算技工和普工总工日数量使用。

② 第Ⅱ栏根据《通信建设工程预算定额》，填写所套用预算定额子目的编号。若没有相关的子目，则需临时估列工作内容子目，在本栏中标注"估列"两字；两项以上"估列"条目，应编估列序号。

③ 第Ⅲ、Ⅳ栏根据《通信建设预算定额》分别填写所套定额子目的名称、单位。

④ 第Ⅴ栏填写根据定额子目的工作内容并依据图纸所计算出的工程量数值。

⑤ 第Ⅵ、Ⅶ栏填写所套定额子目的工日单位定额值。

⑥ 第Ⅷ栏为第Ⅴ栏与第Ⅵ栏的乘积。

⑦ 第Ⅸ栏为第Ⅴ栏与第Ⅶ栏的乘积。

（2）表三甲的填写要求。填写表三甲的核心问题是工程量的统计和预算定额的查找，工程量统计要认真、准确，查找定额要坚持三要素，即找对子目、看好单位、有无额外说明。具体内容：

① 预算定额是确定工程中人工、材料、机械台班和仪器仪表使用合理消耗量的标准，是确定工程造价的依据。它是国家或行业标准，具有法令性，不得随意调整。根据项目名称，套准定额。高套、错套、重套都是不对的。

对没有预算定额的项目，可套用近似的定额标准或相关行业的定额标准。如无参照标准，可让工程管理部门或工程设计部门提供补充或临时定额暂供执行。待相关管理部门制定的定额标准下达后，再按上级定额标准执行。这类问题主要出现在设备安装工程中，因为设备更新快，定额制定跟不上需要造成的。

② 计量单位是确定工程量计量的标准，工程量计取时要准确使用计量单位。

③ 工程量是工程预算中安装费组成的基础。工程量不实，就无法计算出准确的工程造价。工程量的多少是根据勘察结果和依据工程施工图纸计算出来的，多计或少计都是错误的。应按每章、每节说明和工程量计算规则要求完成。

（3）表中应注意的问题：

① 工程量的计算应按工程量计算规则进行。要特别注意在通信线路工程中，施工测量长度＜光电缆敷设长度＜光电缆材料长度。

② 手工填表时，注意计量单位、定额标准是否写错，注意小数点。

③ 扩建系数的取定是指在原设备上扩大通信能力，并需要带电作业，采取保安措施的预算工日才能计取。

④ 各种调整系数只能相加，不能连乘。

⑤ 在设备采购合同中如果包括了设备安装工程中的安装、调测等项费用，在工程设计中不得重复计列。成套设备安装工程中有许多类似的情况，应特别注意。

2）表三乙（机械台班表）

具体表格见表6-22。

表 6-22 建筑安装工程机械使用费＿＿＿＿算表（表三）乙

工程名称：　　　　　建设单位名称：　　　　　表格编号：　　　　　第　页

序号	定额编号	项目名称	单位	数量	机械名称	单位定额值		合计值/工日	
						数量/台班	单价/元	数量/台班	合价/元
I	II	III	IV	V	VI	VII	VIII	IX	X

设计负责人：　　　　审核：　　　　编制：　　　　编制日期：　年　月

（1）表三乙填表说明：

① 本表供编制本工程所列的机械费用汇总使用。

② 第 II、III、IV 和 V 栏分别填写所套用定额子目的编号、名称、单位，以及该子目工程量数值。

③ 第 VI、VII 栏分别填写定额子目所涉及的机械名称及此机械台班的单位定额值。

④ 第 VIII 栏填写根据《通信建设工程施工机械、仪表台班费用定额》查找到的相应机械台班单价。

⑤ 第 IX 栏填写第 VII 栏与第 V 栏的乘积。

⑥ 第 X 栏填写第 VIII 栏与第 IX 栏的乘积。

（2）表三乙的填写要求：

① 根据国家关于机械台班费编制办法规定，机械台班费由两类费用组成：一类费用（折旧费、大修理费、经常修理费、安拆费）是不变费用，是全国统一的。另一类费用（人工费、燃料动力费、养路费及车船税）是可变费用，可由各省或行业确定。

② 本地网工程的台班单价，由建设单位确定。

（3）表中应注意的问题：

① 定额标准是否写错。

② 机械台班单价是否有错。

3）表三丙（仪器仪表使用费）

具体表格见表 6-23。

表 6-23 建筑安装工程仪器仪表使用费＿＿＿＿算表（表三）丙

工程名称：　　　　　建设单位名称：　　　　　表格编号：　　　　　第　页

序号	定额编号	项目名称	单位	数量	仪表名称	单位定额值/工日		合计值/工日	
						数量/台班	单价/元	数量/台班	合价/元
I	II	III	IV	V	VI	VII	VIII	IX	X

设计负责人：　　　　审核：　　　　编制：　　　　编制日期：　年　月

4）表四（器材、设备表）

表四甲用于国内器材、设备，见表 6-24。

表 6-24　国内器材结算表（表四）甲

（主要材料表）

工程名称：　　　　　　　　建设单位名称：　　　　　　　　表格编号：　　　　　　　　第　　页

序号	名　称	规格程式	单位	数量	单价 / 元	合计 / 元			备注
					除税价	除税价	增值税	含税价	
I	II	III	IV	V	VI	VII	VIII	IX	X
1									
2									
3									
4									

设计负责人：　　　　　　审核：　　　　　编制：　　　　　编制日期：　年　　月

表四乙用于引进器材、设备，见表 6-25。

表 6-25　国内器材结算表（表四）乙

（设备安装费）

工程名称：　　　　　　　　建设单位名称：　　　　　　　　表格编号：　　　　　　　　第　　页

序号	名称	规格程式	单位	数量	单价 / 元	合计 / 元			备注
					除税价	除税价	增值税	含税价	
I	II	III	IV	V	VI	VII	VIII	IX	X
1									
2									
3									
4									

设计负责人：　　　　　　审核：　　　　　编制：　　　　　编制日期：　年　　月

（1）表四甲填表说明：

① 本表供编制本工程的主要材料、设备和工器具的数量和费用使用。

② 根据国家规定的税率，按照比例计算增值税。

③ 表格标题下面括号内根据需要填写主要材料或需要安装的设备或不需要安装的设备、工器具、仪表。

④ 第II、III、IV、V、VI栏分别填写主要材料或需要安装的设备或不需要安装的设备、工器具、仪表的名称、规格程式、单位、数量、单价。

⑤ 第VII栏填写第VI栏与第V栏的乘积。

⑥ 第VIII栏填写需要说明的有关问题。

⑦ 依次填写需要安装的设备或不需要安装的设备、工器具、仪表之后，还需计取的费用包括：小计、

运杂费、运输保险费、采购及保管费、采购代理服务费、合计。

⑧ 用于主要材料表时，应将主要材料分类后按小计、运杂费、运输保险费、采购及保管费、采购代理服务费、合计计取相关费用，然后进行总计。

（2）表四乙填表说明：

① 本表供编制引进工程的主要材料、设备和工器具的数量和费用使用。

② 根据国家规定的税率，按照比例进行计算增值税。

③ 表格标题下面括号内根据需要填写引进主要材料或引进需要安装的设备或引进不需要安装的设备、工器具、仪表

④ 第Ⅵ、Ⅶ、Ⅷ和Ⅸ栏分别填写外币金额及折算人民币的金额，并按引进工程的有关规定填写相应费用。其他填写方法与（表四）甲基本相同。

（3）表四的填写要求：

① 通信工程中器材、设备价格是实际价，而不是按预算价确定的，一般采用办法是：国内的以国家有关部委规定的出厂价（调拨价）或指定的交货地点的价格为原价。地方材料按当地主管部门规定的出厂价或指定的交货地点的价格为原价。市场物资，按当地商业部门规定的批发价为原价。引进的无论从何国引进的，一律以到岸价（CIF）的外币折成人民币价为原价。

② 目前，通信建设工程中的器材、设备都是由建设单位的相关部门统一采购和管理，而且设备、器材中绝大多数都是可以直接送达到指定的施工集配地点，所以在预算表中：在通信设备安装工程中，可以以中标厂家或代理商在供货合同中所签订的价格为准。如是以出厂价或指定的交货地点（非施工集配地点）的价格为原价，可另加相关费用。在通信线路工程中，一般对工程采用的是施工单位包清工，建设单位提供器材的方式进行的。这样可以以建设单位供应部门提供的器料清单及合同采购价格为准，可另加相关费用。在通信管道工程中，由于地方材料价格各地区不同的原因，对工程可采用施工单位包工包料的方式进行，所以对水泥、钢材、木材、沙石、砖、石灰等地方材料的价格，原则上可按当地工程造价部门公布的《工程造价信息》和建设单位招标的价格为准，另加采保费，包干使用，不再计取其他三项费用。

③ 通过招标方式来采购器材、设备的，应按照与中标厂（商）家签订的合同价为准。

（4）表中应注意的问题：

① 对于利旧的设备及器材，不但要列出数量，而且还要列出重估价值。

② 表中的设备、器材数量应与表三甲的工程量相对应，多供或少供都不合理。对于光（电）缆，工程实际用料 = 图纸净值 + 自然伸缩量 + 接头损耗量 + 引上用量 + 盘留量。

③ 计量单位、定额标准、单价是否写错，注意小数点。

④ 引进设备：无论从何国引进的，一律以到岸价(CIF)的外币折成人民币价为原价。引进设备的税费，应按国家或有关部门的规定计取。

对不需要安装的设备、工器具要到现场进行落实，列出清单。

5）表二（建筑安装工程费）

表二用来计算建筑安装工程费，检测建安费。

具体表格见表 6-26 所示。

表 6-26　建筑安装工程费用结算表（表二）

工程名称：　　　　　　建设单位名称：　　　　　　　　表格编号：　　　　　　　　第　　页

序号	费用名称	依据和计算方法	合计 / 元	序号	费用名称	依据和计算方法	合计 / 元
Ⅰ	Ⅱ	Ⅲ	Ⅳ	Ⅰ	Ⅱ	Ⅲ	Ⅳ
	建安工程费（含税价）			7	夜间施工增加费		
	建安工程费（除税价）			8	冬雨季施工增加费		
一	直接费			9	生产工具用具使用费		
（一）	直接工程费			10	施工用水电蒸汽费		
1	人工费			11	特殊地区施工增加费		
(1)	技工费			12	已完工程及设备保护费		
(2)	普工费			13	运土费		
2	材料费			14	施工队伍调遣费		
(1)	主要材料费			15	大型施工机械调遣费		
(2)	辅助材料费			二	间接费		
3	机械使用费			（一）	规费		
4	仪表使用费			1	工程排污费		
（二）	措施项目费			2	社会保障费		
1	文明施工费			3	住房公积金		
2	工地器材搬运费			4	危险作业意外伤害保险费		
3	工程干扰费			（二）	企业管理费		
4	工程点交、场地清理费			三	利润		
5	临时设施费			四	销项税额		
6	工程车辆使用费						

设计负责人：　　　审核：　　　编制：　　　编制日期：　年　月

（1）表二填写说明：

① 本表供编制建筑安装工程费使用。

② 第Ⅲ栏根据《通信建设工程费用定额》相关规定，填写第Ⅱ栏各项费用的依据和计算方法。

③ 第Ⅳ栏填写第Ⅱ栏各项费用的计算结果。

（2）表二的填写要求：

① 本地网工程在预算时，可按人工标准计费单价方式进行取费；也可以根据工程量单价法，按技工、普工的工日综合价（建设方与施工方合同约定）分别来计取。

② 根据《通信建设工程概算、预算编制办法》规定：本办法所规定的计费标准均为上限。

③ 措施费、企业管理费、利润属于指导性费用，实施时可下浮。

④ 销项税额计算按国家发布的税率计算。

（3）表中应注意的问题。取费时要明确是按人工标准计费单价方式取费还是按人工综合价方式取费；按人工标准计费单价方式取费时，要明确取费的项目。

6）表五（工程建设其他费）

表五甲用于计算国内工程的工程建设其他费，工程建设其他费的内容及计算方法参见本书 6.3.5 节。

表五甲见表 6-27，表五乙用于引进工程见表 6-28。

表 6-27　工程建设其他费_____预算表（表五）甲

工程名称：　　　　　　　建设单位名称：　　　　　　　表格编号：　　　　　　　第　　页

序号	费用名称	计算依据及方法	金额 / 元	备注
I	II	III	IV	V
1	建筑用地及综合补偿费			
2	建设单位管理费			
3	可行性研究费			
4	研究试验费			
5	勘察设计费			
6	环境影响评价费			
7	劳动安全卫生评价费			
8	建设工程监理费			
9	安全生产费			
10	工程质量监督费			
11	工程定额测定费			
12	引进技术及引进设备其他费			
13	工程保险费			
14	工程招标代理费			
15	专利及专利技术使用费			
16	生产准备及开办费（运营费）			
	总计			

设计负责人：　　　　　审核：　　　　　编制：　　　　　编制日期：　年　月

表 6-28　引进设备工程建设其他费用_____算表（表五）乙

工程名称：　　　　　　　建设单位名称：　　　　　　　表格编号：　　　　　　　第　　页

序号	费用名称	计算依据及方法	金额		备注
			外币（　）	折合人民币 / 元	
I	II	III	IV	V	VI

设计负责人：　　　　　审核：　　　　　编制：　　　　　编制日期：　年　月

（1）表五甲填写说明：

① 本表供编制国内工程计列的工程建设其他费使用。

② 第Ⅲ栏根据《通信建设工程费用定额》相关费用的计算规则填写。

③ 第Ⅴ栏根据需要填写补充说明的内容事项。

（2）表五乙填写说明：

① 本表供编制引进工程计列的工程建设其他费。

② 第Ⅲ栏根据国家及主管部门的相关规定填写。

③ 第Ⅳ、Ⅴ栏分别填写各项费用所需计列的外币与人民币数值。

④ 第Ⅵ栏根据需要填写补充说明的内容事项。

（3）表五填写要求：

① 表中有多项指标与政府政策规定有关，参见通信工程概预算配套文件。

② 其他费应根据实际情况由双方商定，但必须要有依据，并列出清单。

7）表一（工程概预算总表）

表一见表 6-29。

表 6-29　工程概预算总表（表一）

建设项目名称

工程名称：　　　　　　建设单位名称：　　　　　　表格编号：　　　　　第　　页

序号	表格编号	费用名称	小型建筑工程费	需要安装的设备费	不需安装的设备、工器具费	建筑安装工程费	其他费用	预备费	总价值			
									除税价	增值税	含税价	其中外币（　）
			元									
Ⅰ	Ⅱ	Ⅲ	Ⅳ	Ⅴ	Ⅵ	Ⅶ	Ⅷ	Ⅸ	Ⅹ	Ⅺ	Ⅻ	ⅩⅢ
1												
2												
3												
4												

设计负责人：　　　　审核：　　　　编制：　　　　编制日期：　年　月

（1）表一填写说明：

① 本表供编制单项（单位）工程概算（预算）使用。

② 根据国家规定税率计算增值税费。

③ 表首"建设项目名称"填写立项工程项目全称。

④ 第Ⅱ栏根据本工程各类费用概算（预算）表格编号填写。

⑤ 第Ⅲ栏根据本工程概算（预算）各类费用名称填写。

⑥ 第Ⅳ～Ⅷ栏根据相应各类费用合计填写。

⑦ 第Ⅹ栏为第Ⅳ～Ⅸ栏之和。

⑧ 第Ⅺ栏填写本工程引进技术和设备所支付的外币总额。

⑨ 当工程有回收金额时，应在费用项目总计下列出"其中回收费用"，其金额填入第Ⅷ栏。此费用不冲减总费用。

（2）表一填写要求。根据工程价款结算办法规定：非承包的通信工程项目的总费用，在结算时应该据实，也就是说它只包括工程费和工程建设其他费两项，不再包括预备费。

完成以上内容，单项通信工程预算书的编制完成。

小结

本章首先介绍了概预算相关的基础知识，然后介绍了概预算流程与类型，着重介绍了工程图纸识读与设备、材料及工程量统计，最后介绍了定额使用与概预算表格编制。在所有工程项目中，概预算都是重中之重，对项目中所包含的人力资源和建材设备进行统计计算，确保项目成本在可控范围内。通过本章学习，可了解各类费用的计算方法与概预算表格编制。

第 7 章

5G 站点工程实施与验收

工程实施是站点工程的主体，前期的一切准备工作都是为了工程实施能够顺利进行，工程实施的质量直接决定了网络的服务质量，而工程验收是确保工程实施的质量能满足网络服务的要求。

7.1 机房与塔桅建设

机房与塔桅是站点工程中大部分设备的载体，机房与塔桅的工程质量直接影响站点工程质量。

7.1.1 机房建设要求

根据相关规定，机房建设要求分为两类：一类为土建机房和租赁机房改造；另一类为彩钢板机房、一体化（集装箱）机房。具体标准来源如下，凡标准未做出规定的，应符合现行国家标准及相关行业标准的有关规定。

GB/T 700—2006《碳素结构钢》。

GB 8624—2012《建筑材料及制品燃烧性能分级》。

GB/T 10801.1—2002《绝热用模塑聚苯乙烯泡沫塑料》。

GB/T 21558—2008《建筑绝热用硬质聚氨酯泡沫塑料》。

GB/T 12754—2019《彩色涂层钢板及钢带》。

GB/T 12755—2008《建筑用压型钢板》。

GB/T 23932—2009《建筑用金属面绝热夹芯板》。

GB 17565—2007《防盗安全门通用技术条件》。

GB 50007—2011《建筑地基基础设计规范》。

GB 50011—2010《建筑抗震设计规范》。

GB 50016—2014《建筑设计防火规范》。

GB 50034—2013《建筑照明设计标准》。

GB 50054—2011《低压配电设计规范》。

GB 5018—2015《公共建筑节能设计标准》。

GB 50222—2017《建筑内部装修设计防火规范》。

GB 50223—2008《建筑工程抗震设防分类标准》。

GB 50352—2019《民用建筑设计统一标准》。

YD/T 1624—2015《通信系统用户外机房》。

YD/T 5054—2019《通信建筑抗震设防分类标准》。

GB 51348—2019《民用建筑电气设计标准》。

公安部住房和城乡建设部公通字〔2009〕46 号文件。

1. 土建机房和租赁机房改造

1) 基本规定

(1) 设计使用年限。新建机房的设计使用年限应为 50 年。对既有建筑改建时，结构加固后使用年限宜按 30 年考虑，但不应超过原建筑结构使用年限。

(2) 结构安全等级。结构安全等级为二级。

抗震设防类别为丙类：在非地震区，结构设计不考虑抗震；在设防烈度 6 ～ 9 度地区，按本地区设防烈度计算地震作用并采取抗震措施。

(3) 耐火等级。与周边建构筑物、储罐区、堆场等的防火间距，须严格遵照 GB 50016—2014《建筑设计防火规范》的规定。

土建机房的耐火等级不应低于二级。构件的耐火极限应符合 GB 50016—2014《建筑设计防火规范》第 5.1.2 条规定。

(4) 绿色节能。建筑设计应符合 GB 50189—2015《公共建筑节能设计标准》和 YD 5184—2018《通信局（站）节能设计规范》的相关规定。

建筑设计应根据当地气候和自然资源条件，充分利用可再生能源。

外墙的传热系数要求达到国家规定标准，外墙一般选用满足承重要求的砌块材料。砖混结构外墙构造可采用单一的墙体材料；当单一墙体材料无法满足节能要求时，也可采用墙体材料加外保温材料构成复合墙体保温。保温材料依照公安部住房和城乡建设部公通字〔2009〕46 号文件选取。保温层的厚度应根据当地气候条件，依据 GB 50189—2015《公共建筑节能设计标准》，经过计算确定。

2) 建筑设计

(1) 平面布局。合理控制机房的建筑形体和体型系数，应采用矩形平面，平面布置紧凑合理，最大限度提高设备安装数量。

机房空调室外机平台宜紧邻机房，开敞设置，朝向宜为北向或东向。

基站机房征地应尽量方正，易于基站机房的摆布，场地内宜有畅通的雨水排水系统，场地内无组织排水时，场地应高于基地周围地面，并有不小于 0.2% 的排水坡度，且应考虑出水的通畅。

(2) 机房规格。机房室内平面净尺寸宜为 5 m×4 m 或 5 m×3 m（长 × 宽），也可根据征地面积、远期需求等情况适当调整机房尺寸。

机房净高应按地面完成面至梁底面之间的垂直距离计算，宜为 3.0 m，不得低于 2.8 m。

机房室内外高差宜设为 0.30 m，可根据建设地点防汛水位及地形情况以 0.15 m 为模数酌情调整，但不得低于 0.15 m，如图 7-1 所示。

宜为0.30m，不得低于0.15m

图 7-1　土建机房内外高差示意图

（3）室内外装修：

① 室内装修。外墙装修及保温材料应满足国家有关防火方面的规定，保温材料应为 B1 级及以上；内装修材料应采用 A 级防火等级的材料。建筑材料燃烧性能的分级应符合 GB 8624—2012《建筑材料及制品燃烧性能分级》的相关规定。

机房室内装修设计应满足 GB 50222—2017《建筑内部装修设计防火规范》的相关规定。装修材料应采用光洁、耐磨、不燃烧、耐久、不起灰、环保的材料，不应设置吊顶。

机房的墙面和顶棚的抹灰、涂料，应按建筑有关设计及施工规范中规定的中级标准要求设计。

机房地面应进行找平并做防潮处理，踢脚线应与周边平滑衔接，连接紧密平直。

机房地面、墙面、顶棚的防静电设计应符合 YD/T 754—1995《通信机房静电防护通则》的规定。

室内装修可参考表 7-1 的相关要求。

表 7-1　土建机房室内装修技术要求参考表

项目	楼 / 地面	墙面	踢脚	顶棚	备注
机房	水泥地面；地砖地面；防静电地板	无机涂料	水泥踢脚；地砖踢脚；防静电踢脚	无机涂料；	所有材料的防火等级均为 A 级
备注	水泥地面可刷防静电漆	—	材料与楼地面材料一致	不刮腻子；清理板面后直接涂刷涂料	—

② 室外装修。外墙装修必须与主体结构连接牢靠。

外墙外保温材料应与主体结构和外墙饰面连接牢固，并防开裂、防水、防冻、防腐蚀、防风化和防脱落。

建筑外装饰材料选用普通涂料、面砖或热反射涂料，反射涂料宜选用水溶性白色涂料。

（4）建筑构造。机房围护结构应采取防结露措施，防止区域温差引起表面结露、滴水。机房不设外窗。

通信线缆与电力电缆应分设不同的走线孔洞。

外开孔洞宜设置一定的倾斜角或存水弯，防止雨水渗入机房内部。

穿过维护结构的孔洞应采取防火、防水等措施，防火封堵应满足 CECS 154—2003《建筑防火封堵应用技术规程》和有关通信机房防火封堵安全的技术要求，同时满足消防组件的最大填充率要求。

（5）墙身。墙身材料应因地制宜，采用新型建筑墙体材料。

外墙应根据地区气候和建筑要求，采取保温、隔热和防潮等措施。

（6）门。机房采用甲级防火保温防盗门（门宽宜 ≥ 900 mm），应符合 GB 17565—2007《防盗安全门通用技术条件》要求。因消防要求需要将机房外墙设为防火墙时，其耐火等级应大于 3 h，且该墙上不能开设门洞，如必须开设应采用甲级防火保温防盗门。

（7）馈线窗、电（光）缆洞：

① 馈线窗。馈线窗位置应根据设备列摆放位置及铁塔与机房相对位置综合进行确定，尽量减少馈线在室内的长度、转弯和扭转。馈线孔洞尽量不要开在楼顶，以防漏水。馈线孔洞位置应考虑室内外施工的方便性，如图 7-2 所示。

馈线窗应与房体可靠连接，并应严格密封，以防雨水、灰尘进入。

馈线窗下沿与走线架上沿同高。

馈线窗宜采用模块化结构设计，方便扩容。

② 电（光）缆洞。新建机房宜预留电（光）缆洞，采用埋地方式接入电（光）缆。

引入建筑物的各种线路及金属管道宜采用全线埋地引入，并应在入户端将电缆的金属外皮、钢导管及金属管道与接地网连接。当采用全线埋地电缆确有困难而无法实现时，可采用一段长度不小于 2 m 的铠装电缆或穿钢导管的全塑电缆直接埋地引入，电缆埋地长度不应小于 15 m，其入户端电缆的金属外皮或钢导管应与接地网连通，如图 7-3 所示。

光（电）缆可同其他通信光缆或电缆同沟敷设，同沟敷设时应平行排列，不得重叠或交叉，缆间的平行净距应不小于 100 mm。

光缆或同轴电缆直接埋地引入时，入户端应将光缆的加强钢芯或同轴电缆金属外皮与接地网相连。

进出建筑物的架空和直接埋地的各种金属管道应在进出建筑物处与防雷接地网连接。

（8）屋面。机房屋面结构除应具有防渗漏、保温、隔热、耐久性能外，还应符合下列要求：

① 屋面隔热应根据不同地区、不同条件铺设保温层。

② 屋面排水采用外排水。

③ 屋面宜采用材料找坡，坡度应 ≥ 2%；当采用结构找坡时，坡度应 ≥ 3%。

④ 保温层宜选用吸水率低、密度和导热系数小、有一定强度且长期浸水不腐烂的材料。

⑤ 平屋面宜按非上人平屋面进行设计，如有安装太阳能、卫星天线等设备的需求时，应按实际需求进行设计。

图 7-2 馈线窗

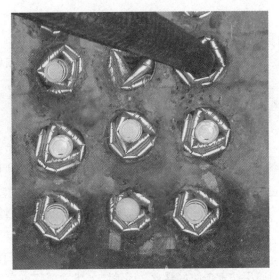

图 7-3 线缆洞

⑥ 面层材料应采用不燃烧体材料。

⑦ 屋面保温层应采取轻质、保温隔热性能好的材料。围护结构及屋面系统传热系数的限值宜符合 GB 50189—2015《公共建筑节能设计标准》的规定。

（9）散水。机房四周应设置散水、排水明沟或散水带明沟，散水的设置应符合 GB 50037—2013《建筑地面设计规范》的相关要求，如图 7-4 所示。

图 7-4 机房排水沟

（10）雨棚、围墙、围栏。机房门顶可根据需求设置挡雨棚，机房四周宜设置围墙或围栏。

3）结构设计

（1）一般要求。土建机房结构形式宜采用砖混结构。

砖混机房材料选择应坚持墙材革新、因地制宜、就地取材，合理选用结构方案和砌体材料，做到技术先进、安全适用、经济合理。不应选用烧结黏土砖等国家明令禁止的墙体材料。

砌体材料：地面以下或防潮层以下的砌体、潮湿房间的墙、在潮湿的室内或室外环境（包括与无侵蚀性土和水接触的环境）的砌体，所用材料的最低强度等级应符合表 7-2 的规定。地面以上砌体宜采用 MU10 烧结普通砖或烧结多孔砖，M5 混合砂浆砌筑。砖砌体施工质量控制等级要求不低于 B 级。

表 7-2　地面以下或防潮层以下的砌体、潮湿房间的墙所用材料的最低强度等级

潮湿程度	烧结普通砖	混凝土普通砖、蒸压普通砖	混凝土、砌块	石材	水泥砂浆
稍潮湿的	MU15	MU20	MU7.5	MU30	M5
很潮湿的	MU20	MU20	MU10	MU30	M7.5
含水饱和的	MU20	MU25	MU15	MU40	M10

注：在冻胀地区，地面以下或防潮层以下的砌体，不宜采用多孔砖，如采用时，其孔洞应用不低于 M10 的水泥砂浆预先灌实，当采用混凝土空心砌块时，其孔洞应采用强度不低于 Cb20 的混凝土预先灌实。

混凝土材料：垫层不宜小于 C15，其他不低于 C25。

钢筋材料：纵向受力钢筋宜选用不低于 HRB400 级的热轧钢筋，也可采用 HRB335 级热轧钢筋；箍筋宜选用 HRB335 级热轧钢筋，也可采用 HPB300 级热轧钢筋。

机房宜采用现浇混凝土楼板，避免选择预制混凝土板和叠合楼板等结构形式。当条件限制必须采用预制混凝土板时，应按照国家规范要求进行设计和施工，相关抗震构造措施应严格执行。

机房按非上人屋面进行设计，屋面应设置保温、隔热层。如受场地条件限制需建设屋面桅杆或铁塔时，应由设计人员充分考虑塔桅荷载，且未经设计人员确认，不得擅自在屋面建设任何附属物。

（2）构造要求。砖混机房应根据国家相应规范要求设置圈梁、构造柱等构件，其中圈梁应在墙底和墙顶设置两道；构造柱宜设置在外墙四角和对应的转角处。圈梁和构造柱截面尺寸、配筋构造等应由设计人员明确指定。

构造柱与墙体连接处应砌成马牙槎，沿墙高每隔 500 mm 设 2φ6 水平钢筋和 φ4 分布短筋平面内点焊组成的拉结网片或 φ4 点焊钢筋网片，每边伸入墙体内不宜小于 1 m，此外尚应根据机房建设地的抗震设防烈度的不同，考虑沿墙体水平通长设置。施工顺序是先砌墙后浇构造柱。

构造柱可不单独设置基础，但应伸入室外地面下 500 mm，或与埋深小于 500 mm 的基础圈梁相连。

其他构造要求按 GB 50003—2011《砌体结构设计规范》和 GB 50011—2010《建筑抗震设计规范》要求执行。

（3）基础要求。基础一般情况埋深不小于 0.5 m，在满足要求的情况下宜尽量浅埋，基础底面宜埋置在同一标高，否则应增设基础圈梁并应按 1∶2 的台阶逐步放坡。

基础宜选择条形基础，如地基土条件较差，宜选择换填等形式进行处理。

基础要求按 GB 50007—2011《建筑地基基础设计规范》和 GB 50011—2010《建筑抗震设计规范》

要求执行。

对于湿陷性黄土、多年冻土、膨胀土以及在地震和机械振动荷载作用下的地基基础设计，应符合 GB 50025—2018《湿陷性黄土地区建筑标准》、GB 50112—2013《膨胀土地区建筑技术规范》、JGJ 118—2011《冻土地区建筑地基基础设计规范》、GB 50040—2020《动力机器基础设计标准》等现行规范的规定。

4）电气设计

（1）供电设计。供电电源一般分为市电电源和保证电源，市电电源和保证电源应为 380 V/220 V 系统。机房配套的空调、照明和检修插座等应自基站交流配电箱内的独立回路引接。

（2）机房照明。宜采用 T8 或 T5 系列三基色荧光灯作为主要照明光源，照度 200 lx，参考平面为 0.75m 的水平面。

宜选择开敞式带反射罩的灯具，其效率应不小于 75%。

机架列间吸顶或管吊安装，且不应布置在蓄电池组的正上方。

（3）检修插座。检修插座宜在机房四周墙壁明装。

检修插座应采用独立回路供电。

（4）导线选择及敷设。宜选用 0.45 kV/0.75 kV 铜芯聚氯乙烯绝缘。聚氯乙烯护套阻燃 B 类电线，穿钢管或金属线槽明敷设。

线缆明敷采用的金属管壁厚不应小于 1.5 mm。

5）防雷与接地

机房接地系统应采用联合接地方式进行设计。

机房的防雷、接地、雷电过电压保护应符合 GB 50689—2011《通信局（站）防雷与接地工程设计规范》的相关规定。

机房直击雷防护设计应符合 GB 50057—2010《建筑物防雷设计规范》的相关规定。

其他技术要求详见中国铁塔股份有限公司《通信基站防雷与接地技术要求》的相关规定。

2. 彩钢板机房、一体化（集装箱）机房

1）基本规定

（1）结构安全等级。结构安全等级为二级。

抗震设防类别为丙类：在非地震区，结构设计不考虑抗震；在设防烈度 6～9 度地区，按本地区设防烈度计算地震作用并采取抗震措施。

（2）耐火等级。与周边建构筑物、储罐区、堆场等的防火间距，须严格遵照 GB 50016—2014《建筑设计防火规范》的规定。

基站机房的耐火等级不应低于二级。构件的耐火极限应符合 GB 50016—2014《建筑设计防火规范》第 5.1.2 条的规定。

彩钢板机房、一体化（集装箱）机房梁、柱等钢结构构件，其表面须涂刷相应厚度的防火涂料，以确保构件的耐火极限符合 GB 50016—2014《建筑设计防火规范》的要求。

（3）绿色节能。建筑设计应符合 GB 50189—2015《公共建筑节能设计标准》和 YD 5184—2018《通信局（站）节能设计规范》的相关规定。

2）建筑设计

（1）机房分类。彩钢板机房、一体化（集装箱）机房分类，见表 7-3。

表 7-3　彩钢板机房、一体化（集装箱）机房分类

机房类型	产品类型	铁甲	防静电地板
彩钢板机房	五面体	—	—
	六面体	—	配置
	五面体铁甲	配置	—
	六面体铁甲	配置	配置
一体化（集装箱）机房	六面体		配置
	六面体铁甲	配置	配置

（2）平面布局。合理控制机房的建筑形体和体型系数，应采用矩形平面，平面布置紧凑合理，最大限度提高设备安装数量。

机房空调室外机平台宜紧邻机房，开敞设置，朝向宜为北向或东向。

（3）机房规格。彩钢板机房室内平面净尺寸宜为 5.7 m×3.8 m 或 4.85 m×2.85 m（长 × 宽）；一体化（集装箱）机房室内平面净尺寸宜为 5.7 m×2.1 m 或 2.7 m×2.1 m（长 × 宽）；也可根据征地面积、远期需求等情况适当调整机房尺寸。

机房净高应按地面完成面至梁底面之间的垂直距离计算，彩钢板机房宜为 2.8 m、一体化（集装箱）机房宜为 2.6 m。

机房室内外高差宜设为 0.30 m，可根据建设地点防汛水位及地形情况以 0.15 m 为模数酌情调整，但不得低于 0.15 m，如图 7-5 所示。

宜为0.30m，不得低于0.15m

图 7-5　一体化（集装箱）机房内外高差示意图

（4）室内外装修：

① 室内装修。机房室内装修设计应满足 GB 50222—2017《建筑内部装修设计防火规范》的相关规定。

内装修材料应采用 A 级防火等级的材料，建筑材料燃烧性能应符合 GB 8624—2012《建筑材料及制品燃烧性能分级》A 级的规定。

机房的墙面和顶棚的涂料，应按建筑有关设计及施工规范中规定的中级标准要求设计。

自装修机房地面可采用水泥地面、地砖地面或防静电地板地面。

机房地面、墙面、顶棚的防静电设计应符合 YD/T 754—1995《通信机房静电防护通则》的规定。

② 室外装修。外墙装修必须与主体结构连接牢靠。

外墙外保温材料应与主体结构和外墙饰面连接牢固，并防开裂、防水、防冻、防腐蚀、防风化和防脱落。

外饰涂料采用反射涂料时，宜选用水溶性白色涂料。

（5）房体构造。机房主体结构设计上应具有承受风、雨、雪、冰雹、沙尘、太阳辐射的能力，应具有隔热、密闭、防火等性能。机房墙面因需要开孔后，应采取措施，保证其强度及防护性能。机房应具有加固装置，能牢固地将机房与地基加固。

机房的组件、部件、零件、附属设备及其安装接口应是标准的、通用的。

机房不设外窗。

通信线缆与电力电缆应分设不同的走线孔洞。

设备、走线架不应直接安装在彩钢板上，应采用钢结构框架作为承重构件，钢材应满足 GB/T 700—2006《碳素结构钢》中 Q235B 型钢材的相关技术要求。

机房结构件应采用钢质型材或相同性能的金属构件，钢材应满足 GB/T 700—2006《碳素结构钢》中 Q235B 型钢材的相关技术要求。

屋顶和墙体外表面宜采用符合 GB/T 12755—2008《建筑用压型钢板》要求的压型彩钢板（瓦楞板）型材。

穿过维护结构的孔洞应采取防火、防水等措施，防火封堵应满足 CECS 154—2003《建筑防火封堵应用技术规程》和有关通信机房防火封堵安全的技术要求，同时满足消防组件的最大填充率要求。

（6）夹芯板。机房板材应选用夹芯板材料，夹芯板面材应选用金属材料，芯材选用隔热性、强度及稳定性好的材料，宜选用无氯氟烃泡沫的聚氨酯（PU），也可采用高密度聚苯乙烯（EPS）或同等性能的保温材料。

（7）馈线窗、电（光）缆洞：

① 馈线窗。馈线窗位置应根据设备列摆放位置及铁塔与机房相对位置综合进行确定，尽量减少馈线在室内的长度、转弯和扭转。馈线孔洞尽量不要开在楼顶，以防漏水。馈线孔洞位置应考虑室内外施工的方便性。

馈线窗应与房体可靠连接，并应严格密封，以防雨水、灰尘进入。

馈线窗宜采用模块化结构设计，方便扩容。

馈线窗下沿与走线架上沿同高，孔洞尺寸推荐 400 mm × 250 mm 或 400 mm × 400 mm。

② 电（光）缆洞。引入建筑物的各种线路及金属管道宜采用全线埋地引入，并应在入户端将电缆

的金属外皮、钢导管及金属管道与接地网连接。当采用全线埋地电缆确有困难而无法实现时，可采用一段长度不小于 2 m 的铠装电缆或穿钢导管的全塑电缆直接埋地引入，电缆埋地长度不应小于 15 m，其入户端电缆的金属外皮或钢导管应与接地网连通。

光（电）缆可同其他通信光缆或电缆同沟敷设，同沟敷设时应平行排列，不得重叠或交叉，缆间的平行净距应不小于 100 mm。

光缆或同轴电缆直接埋地引入时，入户端应将光缆的加强钢芯或同轴电缆金属外皮与接地网相连。

进出机房的架空和直接埋地的各种金属管道应在进出建筑物处与防雷接地网连接。

（8）屋面。机房屋面结构除应具有防渗漏、保温、隔热、耐久性能外，还应符合下列要求：

① 屋面隔热应根据不同地区、不同条件铺设保温层。

② 屋面宜采用单坡屋顶，结构找坡，坡度应 ≥ 5%，坡向机房的背面（没有机房门的一侧）排水。个别雪荷载比较大的地区（比如黑龙江、西藏、青海等地区）应 ≥ 8%。

③ 平屋面宜按非上人平屋面进行设计。

④ 屋面保温层应采取轻质、保温隔热性能好的材料。围护结构及屋面系统传热系数的限值宜符合 GB 50189—2015《公共建筑节能设计标准》的规定。

（9）防护要求：

高低温：应具备耐受 55 ℃ 高温和 -40 ℃ 低温的能力。

抗辐射：应具备能够经受最大强度为 $1\,120 \times (1 \pm 10\%)\,W/m^2$ 的太阳辐射的能力，构成机房的各种结构件、连接件和密封件等试验后，机械性能良好。

抗日照光化学效应：暴露在机柜外表面的橡胶、密封胶等高分子材料制件，应具备良好的抗日照光化学效应能力，经 24 个日循环光化学效应试验，无膨胀、开裂现象。

防盐雾：机柜表面材料应具备防腐蚀、防盐雾的能力，经四天盐雾试验后，允许防护性涂层的表面有腐蚀，但电磁屏蔽和接地的接触材料不应腐蚀。

光密闭：在关闭门和密封遮蔽设计预留孔口情况下，不得有外部光线漏入机柜内。

防护等级：IP55。

（10）地面：

五面体机房地面可采用水泥地面、地砖地面或防静电地板地面。

六面体机房的钢结构框架上应铺设防静电地板，应满足防滑、防静电、易清洁的要求，强度和结构上满足机房荷载要求。地板与地板钢架之间采用不小于 2 mm 厚的钢板。

六面体机房的底部钢结构应在内侧与下部的混凝土基础平台牢固连接，机房外部不得外露连接件。

（11）围墙、围栏。机房宜设置围墙或围栏。

3）结构设计

（1）载荷：

① 屋面活荷载。屋面按非上人屋面考虑，活荷载标准值为 $0.5\,kN/m^2$。当有较大施工、检修荷载或空调等其他设备荷载时需按实际计算。

② 风荷载。根据 GB 50009—2012《建筑结构荷载规范》的要求，选取建设地点 50 年一遇的基本风压值计算。

③ 雪荷载。根据 GB 50009—2012《建筑结构荷载规范》的要求，选取建设地点 50 年一遇的基本雪压作为设计雪压，且雪荷载不与屋面活荷载同时考虑。

④ 机房荷载。机房结构应满足壁挂设备、落地机架及电池设备的安装要求。一般情况下，地面的均布活荷载标准值不应小于 6.0 kN/m²，局部摆放电池的区域不应小于 10.0 kN/m²，如有特殊需求，应按实际的工艺要求进行设计。

（2）抗震设计。机房的抗震设防烈度和抗震设计应按 YD/T 5054—2019《通信建筑抗震设防分类标准》执行。

在地震区，机房应避开抗震不利地段，当条件不允许避开不利地段时，应采取有效措施；对危险地段，不应建造机房。

（3）结构设计具体要求：

① 一般要求：

a．宜设置轻钢框架，对于高风压地区应采取必要的加固措施，且机房的主体结构及相关连接件设计均应满足风荷载要求。

b．宜根据需要预留安装点，在预留位置宜对侧板进行加强处理。

一体化（集装箱）机房除以上要求以外，还应满足下列要求：

a．应设置底板，且应防滑、防静电、易清洁，强度和结构上满足机房荷载要求。

b．应具有良好的整体运输性，保证在整体运输时不应出现影响外形的变形或功能损坏。

② 基础要求。地面以下或防潮层以下的砌体、潮湿房间的墙、在潮湿的室内或室外环境（包括与无侵蚀性土和水接触的环境）的砌体，所用材料的最低强度等级应符合表 7-2 的规定。

在地面建设彩钢板机房、一体化（集装箱）机房采用混凝土平板基础形式时，机房基础底板的混凝土强度等级不应低于 C25，基础底板以下持力层需满足地基承载力等要求。

在建筑物屋面建设彩钢板机房，机房宜固定于钢梁顶面。具体要求为：钢梁宜可靠固定于原结构梁、柱顶面，并应对防水保温层进行修补，钢梁应能承载机房、机房内设备、电池等相应荷载。钢梁底座应采取可靠防腐措施。同时，原结构梁、柱等应经有资质的鉴定、设计单位进行鉴定及承载力复核。

4）电气设计

（1）供电设计。供电电源一般分为市电电源和保证电源，市电电源和保证电源应为 380 /220 V 系统。机房配套的空调、照明和检修插座等应自基站交流配电箱内的独立回路引接。

（2）机房照明。宜采用 T8 或 T5 系列三基色荧光灯作为主要照明光源，照度 200lx，参考平面为地面。机架列间吸顶或管吊安装。

（3）检修插座。检修插座宜在机房四周墙壁明装。检修插座应独立回路供电。

（4）导线选择及敷设。宜选用 0.45 kV/0.75 kV 铜芯聚氯乙烯绝缘聚氯乙烯护套阻燃 B 类电线，穿钢管或金属线槽明敷设。

线缆明敷采用的金属管壁厚不应小于 1.5 mm。

5）防雷与接地

（1）防雷。机房接地系统应采用联合接地方式进行设计。机房的防雷、接地、雷电过电压保护应符合 GB 50689—2011《通信局（站）防雷与接地工程设计规范》的相关规定。

机房直击雷防护设计应符合 GB 50057—2010《建筑物防雷设计规范》的相关规定。

其他技术要求详见中国铁塔股份有限公司《通信基站防雷与接地技术要求》的相关规定。

（2）接地保护：

彩钢板机房、一体化（集装箱）机房建在建筑物上的，必须与建筑物的接地网相连接。若是独立建设的应符合中国铁塔股份有限公司基站机房防雷接地的相关要求，连接材料为 4 mm×40 mm 镀锌扁钢。

彩钢板机房、一体化（集装箱）机房的接地铜排规格一般为 400 mm×100 mm×5 mm，并与地网连接。

六面体机房在钢构的角部需要预留机房的防雷接地端子，防雷接地端子预留应在每一突出的房角处，用 4 mm×40 mm 镀锌扁钢和地网预留端子连接。

五面体机房的基础施工时，在机房外侧各突出角处均预留一个接地端子，机房内侧预留一个接地端子，位置按单体设计。

当机房采用钢板地面时，应用导线将钢板与地网连接起来，避免静电荷积累，产生静电。

6）安装方式

（1）彩钢板机房：机房的部件在工厂加工好后，散件运往简易机房所在位置，由施工技术人员现场进行拼装。

机房的部件应保证在装运到施工现场时不得出现影响安装和使用的变形损伤，同时保证简易机房的外观美观和其他建设单位认为对简易机房整体使用上不可缺失的性能。

机房的装拆工作，最少应满足两次拆装使用。简易机房的拆卸不得对简易机房部件和整体造成结构性或影响正常使用的损伤，同时也不应对简易机房的整体美观造成明显影响。

（2）一体化（集装箱）机房：根据需要，一体化（集装箱）机房在生产工厂、库房集成安装。其应能适应陆运、海运或空运的需要，满足运输过程中颠簸、振动、提吊的要求。

7.1.2　塔桅建设要求

塔桅作为通信天线的支持物，是重要的通信传输基础设施，塔桅结构建设工作的好坏将直接影响通信传输系统的正常工作。由于塔桅构件处于露天环境，长期经受各种自然气象和生态环境的作用，其性能结构深受影响，且塔桅构件除直接影响通信安全外还关系到人身安全，因此必须高度重视塔桅构件的建设工作。

1. 强制要求

铁塔、桅杆的相关作业属高空作业，作业人员必须有登高证，必须严格执行安全制度，确保人身安全。登高作业人员应定期进行体格检查。

移动通信自立塔（高度大于 20 m）的塔基设计前必须进行岩土工程勘察。

在已有建筑物上加建移动通信工程塔桅结构时，8 m 以上塔桅结构物必须经技术鉴定或设计许可，确保建筑物的安全。

未经技术鉴定或设计许可，不得改变移动通信工程塔桅结构的用途和使用环境。

所有构件均应进行热浸锌防腐，现场焊接部分应采用有效的防腐措施。

2. 塔桅标准

移动通信塔桅和基础应以 GB 50068—2001《建筑结构可靠度设计统一标准》为准则，执行和引用以下技术规范：

(1) GB 50135—2019《高耸结构设计标准》。

(2) GB 50009—2012《建筑结构荷载规范》。

(3) GB 50017—2017《钢结构设计标准》。

(4) GB 50011—2010《建筑抗震设计规范》。

(5) GB 50007—2011《建筑地基基础设计规范》。

(6) YD/T 5131—2019《移动通信工程钢塔桅结构设计规范》。

塔桅高度和桅杆的位置应符合施工图设计文件要求。

主要焊缝质量、贴合率、螺栓质量符合工艺要求。

铁塔基础位置正确，基础混凝土浇筑平直、无蜂窝、无裂缝、不露筋，外粉刷光洁。

地脚螺栓的安装应符合施工图设计的要求，并在外露部分做防锈处理。

铁塔铁件尺寸正确，符合施工图设计要求。

铁塔结构部件正确安装，连接件正确紧固安装，符合施工图设计要求。

天线固定杆应垂直安装，并且稳固结实。

塔柱法兰螺栓必须用双螺母锁紧。

螺栓穿入方向应一致朝外且合理，螺栓拧紧后外露丝扣不小于 2~3 扣。

铁塔、桅杆的爬梯设置防小孩攀爬措施，并在明显位置悬挂或涂刷通信标志和"通信铁塔、严禁攀登"的警告标志牌，如图 7-6 所示。

图 7-6　通信塔桅及警告牌

桅杆高于 4 m 宜安装脚梯和角铁，便于维护和馈线卡子的固定。

接地电阻应满足设计要求。

所有悬空的天线固定杆必须在底部 20 cm 处设置防止天线滑落的天线防滑销。

3. 防雷与接地要求

铁塔上方应设避雷针，塔上的天馈线和其他设施都应在其保护范围内，如图 7-7 所示。

图 7-7　通信塔桅与顶端避雷针

避雷针可使用塔身作为接地导体。当塔身金属结构电气连接不可靠时，应使用 40 mm×4 mm 的热镀锌扁钢设置专门的铁塔避雷针雷电引下线，雷电引下线应与避雷针及铁塔地网相互焊接连通。

当设置专门的铁塔避雷针雷电引下线后，其雷电引下线应沿远离机房的一侧引下，并每隔 5 m 固定一次。

上人爬梯一侧的馈线接地可采用单根扁钢，应沿靠近机房馈线窗的一侧引下，并就近与接地系统可靠焊接。

避雷针雷电引下线的热镀锌扁钢连接时应采用焊接方式，其搭接长度为扁钢宽度的两倍，焊接时要做到三面焊接，并敲掉焊渣后应做防锈处理。

铁塔上的天线支架、航空标志灯架、馈线走线架都应良好接地。

航空标志灯的控制线的金属外护层应在塔顶及进机房入口处的外侧就近接地。

铁塔位于机房建筑物顶时，铁塔和避雷针引下线应至少在两个不同方向与楼顶的避雷带可靠连接。

楼顶采用桅杆安装天线时，每根桅杆应分别就近接至楼顶避雷带。

拉线塔可采用单根避雷针引下线。如拉线塔位于楼顶，则塔体和避雷针引下线应沿两个不同方向就近与楼顶的避雷带做两点以上的可靠连接。连接线宜采用 40 mm×4 mm 的热镀锌扁钢。

单管塔不再单独设置避雷针引下线，但两节塔体之间应采用 95 mm² 以上铜导线进行两处以上的可靠连接。单管塔的接地铜排孔洞数不得少于 18 个，且该铜排应竖直安装，其铜排底部必须与单管塔可靠连接。导线宜采用黄绿色铜导线。

角钢落地塔、楼顶塔的避雷针雷电引下线可使用塔身作为接地导体，通信杆、拉线塔、三角塔、桅杆架等应使用 -40 mm×4 mm 的热镀锌扁钢设置专门的避雷针雷电引下线，雷电引下线应与避雷针及铁塔地网相互焊接连通。

4. 室外走线架

室外走线架位置正确，应在馈线窗下沿，并符合施工图设计要求。

室外走线架宽度正确，应在 300 mm 以上。线架主材采用 ∠ 40 mm×4 mm 热镀锌角钢，扁铁采用 -40mm×4mm 的热镀锌扁钢。

从铁塔和桅杆到馈线窗之间必须有连续的走线架。

室外走线架路径合理，便于馈线安装并满足馈线转弯半径要求，如图 7-8 所示。

走线架一侧应有维护用人梯，高度宜在馈线窗下沿以下 1.5 ～ 2 m。

室外垂直走线架横档之间的最大距离是 800 mm。

室外垂直走线架横档的材料用 ∠ 50mm×5mm 热镀锌角钢

室外走线架每节之间应通过包角铁可靠连接，并与接地系统可靠连接。

室外走线架始末两端均应做接地连接，在机房馈线口处的接地应单独引接地线至地网，不能与馈线接地排相连，也不能与馈线接地排合用接地线。

室外走线架如采用落地托架形式固定，托架下方应用塑料皮做保护。

图 7-8 室外走线架

5. 桅杆

在热浸锌前钢材表面除锈应符合设计要求和国家现行有关标准的规定。处理后的钢材表面不应有焊渣、焊疤、灰尘、油污、水和毛刺等。

镀锌的锌层厚度应符合下列规定：镀件厚度小于 5 mm 时，锌层厚度应不低于 65μm。镀件厚度大于或等于 5 mm 时，锌层厚度应不低于 86μm。

应严格控制浸锌过程的构件热变形，每根构件的长度伸缩量 $\leqslant L/5\,000$，弯曲变形 $\leqslant L/1\,000$（L 为构件长度）。

构件镀锌表面应平滑，无滴瘤、粗糙和锌刺，无起皮、无漏镀、无残留的溶剂渣。

镀锌后的锌层应与基本金属结合牢固，且锌层应均匀。

桅杆一般采用 $\phi 70$ mm×4 m 以上的无缝钢管，长度一般为 3m。

桅杆托架采用 ∠80 mm×6 mm 的角钢，撑铁采用 ∠63 mm×5 mm 的镀锌角钢。对运输和安装中破坏部位，应采取可靠的补救措施。

7.2　基站电源系统安装

电源系统是基站的动力源泉，只有稳定可靠的电源系统才能保证站点工程的顺利进行，保证站点正常运行。

7.2.1　电源引入

1. 引入类型

（1）新建机房设有专用变压器，通过一路 10 kV 高压引至基站专用变压器，通过变压器降压后负责基站设备供电。

（2）新建机房无专用变压器，从远端的公用变压器引一路 380 V（或 220 V）至基站，负责基站设备的供电。

（3）租用民房的基站，从租用民房的总交流配电箱处引至基站。

（4）直流远供，通过母端基站将直流升压给远端基站，远端基站通过调压给设备供电。

（5）交流拉远供电。

2. 规范要求

电源引入时采用的设备、器材及材料应符合国家现行技术标准的规定，并应有合格证件，设备应有铭牌。当采用无正式标准的新型原材料及器材时，安装前应经技术鉴定或试验，证明质量合格后方可使用。

采用的新技术、新设备、新材料、新工艺应不低于本节规范的质量标准和工艺要求。

架空电力线路的施工及验收，除按本节规范执行外，尚应符合国家现行的有关标准规范的规定。

1）市电引入标准

（1）埋地长度不宜小于 15 m。对于自建基站交流供电线路宜采用套钢管直埋地的方式引入机房。

（2）采用铠装电缆埋地引入方式，电缆两端钢带应就近接地，接地方法同上。

（3）供基站下电的高低压架空线路应与周围的树木、建筑等保持足够的安全距离。

（4）变压器各接线端子应紧固无松动，确保电气接触良好，无氧化、发热现象，接线瓷瓶无破裂；变压器外壳无漏油痕迹。

（5）变压器中性点、外壳的接地引下线应确保紧固良好，无断裂、松动现象。

2）搭火点要求

（1）搭火点应合理，三相搭序应正确、美观。

（2）连接应牢固，铜铝对接应用线夹，并做滴水湾。

3）交流配电箱标准

（1）交流配电箱位置正确（区分是否一体化配电箱），符合施工图设计要求。

（2）交流配电箱内各种接线连接正确并牢固。

（3）进线应用开孔器、用橡皮圈保护，压接头用热缩套管。

（4）交流配电箱与地面距离 1.4 m，采用两根长度 > 1.4 m，直径 4 ~ 5 cm 的镀锌钢管引下，一根套铠装电源缆，一根套箱体保护接地。

4）油机市电切换箱

（1）位置应合理、正确，便于移动油机发电。由各分公司确认。

（2）压接头用热缩套管。

（3）杆上装（油机切换）箱，箱底离地面距离 1.7 m，开关箱的整体不得倾斜，箱内接线工艺美观。

（4）切换箱尽量安装在山坡脚下杆处，平地尽量装在机房最近杆处。

（5）采用两根长度 > 1.7 m，直径 4 ~ 5 cm 的镀锌钢管引下，一根套铠装电源缆，一根套箱体保护接地。

5）三相电要求

（1）应使用护套颜色为黑色的三相四线制阻燃铠装电缆。

（2）除租用机房外，三相线线径应不小于 25 mm^2，中性线不小于 25 mm^2。

（3）交流中性线与保护地不接触，不合用。

（4）三相四线，尽量各相均衡，单相电压范围为 185 ~ 265 V。

（5）电源线走线合理、整齐。

6）杆路要求

（1）线路的路径选择应符合下列规定：

① 应根据农村发展规划相结合、方便机耕，少占农田。

② 路径短、交叉、跨越、转角少、靠近道路、方便施工、运行和维修方便。

③ 应尽量避开易受洪水、雨水冲刷的地方，严禁跨越堆放可燃物、爆炸物的场院、房屋等地方立杆和地埋电缆。

（2）电杆须无裂纹、损伤，档距一般 ≤ 50 m，架空电缆建议 30 m。

（3）跨越道路时，离地面距离 > 6 m，离山坡、斜坡距离 > 4 m，离高压线距离 > 5 m，其他线路距离 > 1 m。

（4）水泥杆应用 8 m 以上，跨公路 10 m 以上，高山可用 7 m 杆。电杆埋设深度，一般为杆长的六分之一，见表 7-4。

表 7-4　杆长及埋深规定

杆长 /m	7	8	9	10	12	15
深度 /m（规定）	1.4	1.5	1.6	1.8	2.2	2.5

（5）直线杆的横向位移不大于 50 mm，电杆倾斜不应使杆梢的位移大于半个杆梢。

（6）转角杆不得向内倾斜，向外角倾斜不应使杆梢位移大于一个杆梢，分角拉线应与线路分角线方向对正。

（7）拉线与电杆的夹角一般为 45°，若受地形限制，可适当减小，但不应小于 30°。当一基电杆上装设多条拉线时，各条拉线的受力应一致。不得有过松、过紧、受力不均匀的现象，拉桩杆（高板拉）应向张力反方向倾斜 10 ~ 20°。

（8）拉桩坠线上端固定点距杆顶端为 0.25 m。

（9）拉线棒应露出地面为 0.3 ~ 0.5 m，拉线棒与拉线盘应垂直，拉线坑应有斜坡，回填土时应将土块打碎后夯实。拉线坑宜设防沉层。

（10）线夹舌板与拉线接触应紧密，受力后无滑动现象，线夹凸肚在尾线侧，安装时不应损伤线股。拉线弯曲部分不应有明显松股，拉线断头处与拉线主线应固定可靠，线夹处露出的尾线长度为 300 ~ 500 mm，尾线回头后与本线应扎牢。拉线绑扎线应采用不大于 3.2 mm（#8 或 #10）镀锌铁线，扎线长头为 15 圈，短头为 5 圈，扎线尾线应拧花。扎线短头离线尾留 25 mm，扎线须均匀、紧密、美观。

（11）直线档每 8 根杆装人字拉，人字拉线应与线路方向垂直。

（12）终端杆不得向受力方向倾斜，向拉线倾斜不应使杆梢位移大于一个杆梢，有地形的角拉、终端拉拉距比 1∶0.75 以上，终端杆的拉线及耐张杆承力拉线应与线路方向对正，长杆路终端拉应采用双拉。

（13）钢吊线 7/2.2，拉线 7/2.6 或 25 mm²、35 mm²。

（14）杆洞深度无法达标的须做护墩，但杆深须确保杆长的 1/12 深。护墩的高度应大于未挖杆深部分的 1.5 倍，护敦上直径不少于电杆直径的 8 倍（含杆），护墩下直径是上直径的 1.3 倍。护墩需用混凝土内外筑实确保无空隙。

7）横担要求

（1）按用途的安装形式的不同，可分为正横担、侧横担（单双挑）和合横担（双横担）。正横担用于受力正常直线杆；侧横担用于线路靠近建筑物的距离太近；合横担用于转角、耐性、终端等随力较大直线杆。

（2）线路单横担的安装。直线杆应装于受电侧；分支杆、90°转角杆（上、下）及终端杆应装于拉线侧。

（3）上层横担及抱箍距杆顶距离不宜小于 200 mm。

（4）横担安装应平正，安装偏差应符合下列规定：

① 横担端部上下歪斜不应大于 20 mm。

② 横担端部左右扭斜不应大于 20 mm。

③ 双杆的横担，横担与电杆连接处的高差不应大于连接距离的 5/1 000；左右扭斜不应大于横担总长度的 1/100。

（5）凡是线路经过 I、II 级公路、铁路、河流、通信线、有线电视，均采用双横担或采用耐张装置。

（6）以螺栓连接的构件应符合下列规定：

① 螺杆应与构件面垂直，螺头平面与构件间不应有间隙。

② 螺栓紧好后，螺杆丝扣露出的长度，单螺母不应少于两个螺距；双螺母可与螺母相平。

③ 当必须加垫圈时，每端垫圈不应超过两个。

（7）螺栓的穿入方向应符合下列规定：

① 对立体结构：水平方向由内向外；垂直方向由下向上。

② 对平面结构：顺线路方向，双面构件由内向外，单面构件由送电侧穿入或按统一方向；横线路方向，两侧由内向外，中间由左向右（面向受电侧）；垂直方向，由下向上。

（8）绝缘子安装应牢固，连接可靠，防止积水。安装时应清除表面灰垢、附着物及不应有的涂料。

（9）瓷横担安装应符合下列规定：

① 当直立安装时，顶端顺线路歪斜不应大于 10 mm。

② 当水平安装时，顶端宜向上翘起 5°～15°；顶端顺线路歪斜不应大于 20 mm。

③ 当安装于转角杆时，顶端竖直安装的瓷横担支架应安装在转角的内角侧（瓷横担应装在支架的外角侧）。

④ 全瓷式瓷横担绝缘子的固定处应加软垫。

8）导线要求

（1）导线在展放过程中，应防止发生导线擦伤、断股、扭弯、小圈等现象。放线时，绝缘线不得在地面、杆塔、横担、瓷瓶或其他物体上拖拉，以防损伤绝缘层。

（2）线芯损伤的处理：

① 线芯截面损伤不超过导电部分截面的 17% 时，可敷线修补，敷线长度应超过损伤部分，每端缠绕长度超过损伤部分不小于 100 mm。

② 线芯截面损伤在导电部分截面的 6% 以内，损伤深度在单股线直径的 1/3 之内，应用同金属的单股线在损伤部分缠绕，缠绕长度应超出损伤部分两端各 30 mm。

③ 线芯损伤有下列情况之一时，应锯断重接：

a．在同一截面内，损伤面积超过线芯导电部分截面的 17%；

b．钢芯断一股。

（3）绝缘层的损伤处理：

① 绝缘层损伤深度在绝缘层厚度的 10% 及以上时应进行绝缘修补。可用绝缘自粘带缠绕，每圈绝缘自粘带间搭压带宽的 1/2，补修后绝缘自粘带的厚度应大于绝缘层损伤深度，且不少于两层。也可用绝缘护罩将绝缘层损伤部位罩好，并将开口部位用绝缘自粘带缠绕封住。

② 一个档距内，单根绝缘线绝缘层的损伤修补不宜超过三处。

（4）绝缘线连接的一般要求：

① 绝缘线的连接不允许缠绕，应采用专用的线夹、接续管连接。

② 不同金属、不同规格、不同绞向的绝缘线，无承力线的集束线严禁在档内做承力连接。

③ 在一个档距内，分相架设的绝缘线每根只允许有一个承力接头，接头距导线固定点的距离不应

小于 0.5 m，低压集束绝缘线非承力接头应相互错开，各接头端距不小于 0.2 m。

④ 铜芯绝缘线与铝芯或铝合金芯绝缘线连接时，应采取铜铝过渡连接。

⑤ 剥离绝缘层、半导体层应使用专用切削工具，不得损伤导线，切口处绝缘层与线芯宜有 45° 倒角。

⑥ 绝缘线连接后必须进行绝缘处理。绝缘线的全部端头、接头都要进行绝缘护封，不得有导线、接头裸露，防止进水。

⑦ 中压绝缘线接头必须进行屏蔽处理。

(5) 绝缘线接头应符合下列规定：

① 线夹、接续管的型号与导线规格相匹配。

② 压缩连接接头的电阻不应大于等长导线的电阻的 1.2 倍，机械连接接头的电阻不应大于等长导线的电阻的 2.5 倍，档距内压缩接头的机械强度不应小于导体计算拉断力的 90%。

③ 导线接头应紧密、牢靠、造型美观，不应有重叠、弯曲、裂纹及凹凸现象。

(6) 承力接头的连接和绝缘处理。承力接头的连接采用钳压法、液压法施工，在接头处安装辐射交联热收缩管护套或预扩张冷缩绝缘套管（统称绝缘护套），其绝缘处理示意图如图 7-9 所示。

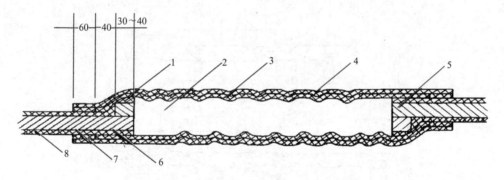

图 7-9 承力接头钳压连接绝缘处理示意图

1—绝缘自粘带；2—钳压管；3—内层绝缘护套；4—外层绝缘护套；

5—导线；6—绝缘层倒角；7—热熔胶；8—绝缘层

(7) 钳压法施工：

① 将钳压管的喇叭口锯掉并处理平滑。

② 剥去接头处的绝缘层、半导体层，剥离长度比钳压接续管长 60 ～ 80 mm。线芯端头用绑线扎紧，锯齐导线。

③ 将接续管、线芯清洗并涂导电膏。

④ 按表 7-5 规定的压口数和图 7-10 所示压接顺序压接，压接后按钳压标准矫直钳压接续管。

⑤ 将需进行绝缘处理的部位清洗干净，在钳压管两端口至绝缘层倒角间用绝缘自粘带缠绕成均匀弧形，然后进行绝缘处理。

表 7-5　土导线钳压口尺寸和压口数表

导线型号		钳压部位尺寸 /mm			压口尺寸 D/mm	压口数
		a_1	a_2	a_3		
钢芯铝绞线	LGJ-25	32	15	31	14.5	14
	LGJ-35	34	42.5	93.5	17.5	14
	LGJ-50	38	48.5	105.5	20.5	16
铝绞线	LJ-25	32	20	35	12.5	6
	LJ-35	36	25	43	14.0	6
	LJ-50	40	25	45	16.5	8

注：压接后尺寸的允许误差铜钳压管为 ±0.5 mm，铝钳压管为 ±1.0 mm。

导线钳压示意图如图 7-10 所示。

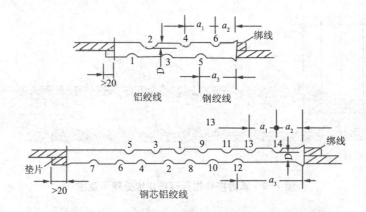

图 7-10　导线钳压示意图

注：压接管上数字 1、2、3、…表示压接顺序。

⑥ 钢芯铝绞线接头处的绝缘层、半导体层的剥离长度，当钢芯对接时，其一根绝缘线比铝接续管的 1/2 长 20 ~ 30 mm，另一根绝缘线比钢接续管的 1/2 和铝接续管的长度之和长 40 ~ 60 mm；当钢芯搭接时，其一根绝缘线比钢接续管和铝接续管长度之和的 1/2 长 20 ~ 30 mm，另一根绝缘线比钢接续管和铝接续管的长度之和长 40 ~ 60 mm。

⑦ 将接续管、线芯清洗并涂导电膏。

9) 引入、引上、引下管线保护

(1) 架空线引入进机房的，导线转换成铠装电缆采用架空 7/2.2 钢吊线式敷设，每 30 cm 挂钩，并做滴水湾。

(2) 引上杆铠装电缆采用长度至少 2.5 m，直径 4 ~ 5 cm 镀锌钢管保护，引上缆、引上钢管用抱箍均匀分三处固定。

(3) 杆上引下线用铠装电缆，连接应牢固，铜铝对接用线夹，铠装电缆要用电缆抱箍均匀分三处固定，引下线到油切箱孔要有皮圈保护，电缆穿入油切箱内不得有导线和电缆外露。如无油切箱，用至少 2.5 m，直径 4 ~ 5 cm 镀锌钢管保护入地，进入机房。

(4) 凡是有空隙的管口、孔口均用防火泥封堵、充实。

10) 电缆地埋要求

(1) 挖电缆沟时要注意地下是否有动力电缆、水管、通信光缆等，要有一定安全距离，如发生挖破、损伤的应立即上报相关管理员，且做好现场处理或相应的准备工作。

(2) 挖电缆沟时沟底要平整，沟深度按规定要求不得少于 0.7 m，农田挖沟不得少于 1 m。沟深不够 0.6 m 可采用混凝土包封，上包封厚至少 8 cm，侧包封厚至少各 5 cm，底部可不采取包封，但需用软土、细砂垫底。

(3) 过路时应用钢管保护，深度离地面 1 m。

(4) 钢管两端接口应密封，接口平整、光滑、可靠。

(5) 进机房或进设备前，下杆处建议做窨井，放余缆 5 ~ 10 m，盘圈直径 1.5 m。

(6) 地埋长度 > 15 m，正常地形应走直线（不够时应绕行）。

(7) 电缆桩设置合理、深度一致、外观整齐、方向正确。起点、终点、转弯、弯角处应设桩，中间根据需要设置。

11) 架空电缆要求

(1) 架空钢吊线应使用 7/2.2 钢绞线。

(2) 架空电缆应使用护套颜色为黑色的三相四线制阻燃电缆。

(3) 架空电缆转角处、起点处、终端处应进行固定，建议放余缆 5 ~ 10 m，挂钩密度每米不少于三只，与光缆同杆架设时电缆必须在上，间距不小于 80 cm。

(4) 跨越公路等特殊地方时，不做角杆，并应加红白警示保护标志。

(5) 杆路引下线用铠装电缆，用抱箍均匀分三处固定。

(6) 杆路架设参照《通信杆线施工标准》。

12) 接地要求

(1) 配电箱、柜、电缆、钢抱应做接地。

(2) 接地线径 > 35 mm^2。

(3) 接地线应用钢管保护，接地桩在地面处应尽量用水泥封盖。

(4) 接地桩采用 50×5 角杆，深度 > 1.5 m。如深度不够须用两根地桩。电阻值 ≤ 10 Ω。

13) 室内电缆布放要求

(1) 室内电缆布放须用 PVC 管保护，每 30 cm 用管卡固定在墙体上。

(2) 室内配电箱下方有走线架的用白色塑料扎带固定 PVC 保护管。

14) 安全、文明作业要求

(1) 高空作业人员应衣着灵便、穿软底鞋、束身衣，并正确佩戴个人防护用具。

(2) 高处作业人员在转移作业位置时不得失去安全保护，手扶的构件必须牢固。

(3) 在霜冻、雨雪后进行高处作业，应采取防滑措施。

（4）立杆作业现场除必要的施工人员外，其他观看人员应离开杆高度的 1.2 倍距离以外。

（5）处理好施工现场与周围单位、村民的各种关系，搞好治安、文明施工、落实好现场清理等问题，切实做好环境保护工作。并充分考虑可能发生的各种问题，制定应急预案，以便及时采取措施，迅速加以解决，防止意外发生。

7.2.2 电源系统安装

1. 施工安装范围

基站电源系统安装（含防护及配套设备）施工范围和内容包含但不限于电源及其配套设备的安装、室内走线架和室内外接地铜排的提供及安装布放、电力电缆的提供及布放，包括交直流电源设备、蓄电池组、综合机柜、室外一体化机柜、空调（如生产厂家不包安装）、走线架和室内外接地铜排等设备设施的安装和相应的电缆提供和布放、验收测试及技术服务。还需提供和承担所涉及设备和材料（含空调）的仓储和运输责任（含二次搬运）。

电力电缆的布放施工，包括交流配电箱（屏）与开关电源或 UPS 设备的连接电缆，交直流电源设备与蓄电池组的连接电缆，交流配电箱（屏）与空调、开关电源与综合机柜等设备的连接电缆及所有电源及配套设备的接地电缆等。

2. 施工要求

电源引入时采用的设备、器材及材料应符合国家现行技术标准的规定，并应有合格证件，设备应有铭牌。当采用无正式标准的新型原材料及器材时，安装前应经技术鉴定或试验，证明质量合格后方可使用。

1）质量要求

电源设备及电缆布放施工部分应符合 YD/T 5040—2005《通信电源设备安装工程设计规范》、YD 5079—2005《通信电源设备安装工程验收规范》和《湖南铁塔基站电源系统施工及验收规范》的要求。

严格执行国家有关法律、法规、规范和有关规定；规范施工，保证文明施工，并严格按照采购人所提供的设计文件、图纸进行施工。施工单位在施工过程中发现设计文件和图纸有差错时，应及时向建设单位提出意见和建议；不得擅自修改工程设计、偷工减料和非法转包。

必须按照工程设计要求和合同约定，对工程所用的材料、设备、配件进行检验，未经检验或检验不合格的材料、设备及配件不得使用。

施工前必须提供自主选用的主、辅材料明细清单，经建设单位项目经理签字同意后才能使用。建设单位将对在用的电力电缆等材料进行抽检，如发现不合格，建设单位有权对施工单位进行相应处罚。

必须建立健全施工质量控制制度，严格工序管理，做好隐蔽工程的质量检查和记录，隐蔽工程隐蔽前必须取得监理工程师或随工人员的签证；为确保工程质量，建设单位将指派工地代表负责隐蔽工程随工验收、日常工程质量检查和工程相关协调工作，施工单位不得以任何借口阻止或拒绝。

施工中出现的质量问题或验收不合格的项目，应在规定的时限内负责返修。

应接受通信工程质量监督机构的检验和监督检查，质量不合格的项目不准办理交工手续。

2）安全要求

必须制定安全管理制度，既要防止人身伤亡事故，也要防止危及通信网络安全运行的事故，要对施工安全进行制度化和规范化的管理。制定确实可行的措施保证通信设备安全、用电安全、高空作业安全、防火安全。

必须在开工前进行安全教育，组织安全操作现场交底，加强施工人员的安全意识，提高安全操作技能。

必须加强施工现场的安全检查，一旦发现安全生产的薄弱环节，应及时提出有力的整改措施，保证施工生产安全进行。

应当组织开展安全施工活动，建立安全施工记录。

根据工程项目实际情况制定施工安全措施，并要求全体施工人员认真贯彻执行。

发生通信阻断事故后，施工单位必须积极配合抢修电路，尽快恢复正常通信，并制定整改措施，经建设单位同意后方可继续施工。

3. 施工技术规范

1）交流配电箱

设备安装位置应符合施工图设计规定。

安装的设备，各种开关、熔断器容量规格应符合设计要求。

设备结构应无变形，表面无损伤；指示仪表、按键和旋钮、机内部件无卡阻、无脱落、无损坏；开关应运转灵活、接触牢靠、无电弧击伤；部件组装要稳固、整齐一致、接线正确无误。

设备接地线要安装牢固；防雷地线与机框保护地线应按设计要求接地。

通电后能人工或自动接通和转换"市电"和"油机"电源，各种指示灯信号正确。

通电后具备电压、电流测试功能的设备显示正确。

通电后具备自动保护电路的设备进行保护测试时能准确动作并能发出指示信号。

在抗震设防地区，设备机架安装必须符合 YD 5059—2005《通信设备安装抗震设计规范》的要求。

2）开关电源

设备安装位置应符合施工图设计规定。设备机架排列整齐，架间缝隙不大于 3 mm，垂直度误差不超过机架高度的 0.1%。列架机面平直，应成一条直线，每米偏差不大于 3 mm，全列偏差不大于 15 mm。

设备机架安装时，应用四只 M10 ～ M12 的膨胀螺栓与地面加固。柜式设备的顶部必须与走线架上梁加固。

安装的设备，各种开关、熔断器容量规格应符合设计要求。

设备结构应无变形，表面无损伤；指示仪表、按键和旋钮、机内部件无卡阻、无脱落、无损坏；开关应运转灵活、接触牢靠、无电弧击伤；部件组装要稳固、整齐一致、接线正确无误。

开关电源附带的温度探头需按照说明指定位置安装。

机架与部件接地线要安装牢固。防雷地线、机框保护地线和工作地线应按设计要求接地。

通电前检查机架内的各角落，没有金属碎屑及无用的导线，机架内部清洁干净，没有杂物。

通电前应将输入、输出开关全部关断，并再次确认所有信号线、电源线是否正确。

通电后检查三相电压是否正确，用万用表测试电压值是否正常，检测有无短路现象，然后逐级闭合开关，观察通电后模块、指示灯是否正常。

工作参数设置：按厂家说明书要求对整流、监控模块进行工作参数的设置和修改。主要有蓄电池组配置数量，浮充、均充电压，输出过、欠电压阈值，输出过电压关断阈值，输出电流限流值等。

检查市电故障、熔丝故障、交流输入过电压、欠电压故障、输出过电压、输出过电流故障等告警功能是否正常。

在抗震设防地区，设备机架安装必须符合 YD 5059—2005《通信设备安装抗震设计规范》的要求。

3）蓄电池

电池架排列位置符合设计图纸规定。

所有螺栓、螺母、螺钉应紧固无松动。

电池铁架安装后，各个组装螺栓、螺母及漆面脱落处都应进行防腐处理。铁架与地面加固处的膨胀螺栓要事先进行防腐处理。

在要求抗震的地区按设计要求，蓄电池架应采取抗震措施加固。

安装蓄电池组前检查电池型号、规格、数量是否符合设计图纸规定，合格证及产品说明书等资料是否齐全。铁锂电池的 BMS 等配件是否齐全，合格证、铭牌标贴及产品说明书等资料是否齐全。

安装蓄电池组前应检查蓄电池是否变形、裂纹、漏液、污迹，上盖、端子和标识胶是否有物理损失，标识胶极性是否正确（红色为正极，蓝色或黑色为负极）。蓄电池外壳是否有损坏现象，极板是否受潮、氧化、发霉，滤气帽通气性能是否良好。

电池各列要排放整齐，前后位置、间距适当，电池间隔符合施工图要求。电池应保持垂直与水平，底部四角均匀着力，如不平整应用油毡等绝缘垫片垫实。

电池间连接、电池与开关电源连接和温度补偿连接必须紧固。连接接头和极柱处须做防腐防锈处理。

蓄电池使用环境应干燥、清洁、通风，安装位置应避免阳光直射，空调通风孔不应直接对着蓄电池。

蓄电池安装在铁架上时，应垫缓冲胶垫，使之牢固可靠。

蓄电池单体上应粘贴序号标签，并注意不能遮挡蓄电池安全阀排气孔。

在抗震设防地区，电池架安装必须符合 YD 5059—2005《通信设备安装抗震设计规范》的要求。

4）综合机柜

机架（柜）的安装位置、方向应符合工程设计要求。机架（柜）行间、列间距离应符合工程设计要求。设备安装位置其偏差不大于 10 mm。

设备机架排列整齐，架间缝隙不大于 3 mm，垂直度误差不超过机架高度的 0.1%。列架机面平直，应成一条直线，每米偏差不大于 3 mm，全列偏差不大于 15 mm。

设备机架安装时，应用四只 M10 ~ M12 的膨胀螺栓与地面加固。柜式设备的顶部必须与走线架上梁加固。

机架（柜）上的各种零件不得脱落或碰坏，漆面如有脱落应予补漆。各种文字和符号标志应正确、清晰、齐全。

机架保护地线安装应符合工程设计要求。

在抗震设防地区，设备机架安装必须符合 YD 5059—2005《通信设备安装抗震设计规范》的要求。

5）室外一体化机柜

室外一体化机柜系统按照如下顺序进行安装：安装机柜、安装开关电源、安装蓄电池组、电气连接、上电前检测、设备加电测试、参数设置。

室外一体化机柜内设备安装的位置应符合工程设计要求。

室外一体化机柜底部应与基座加固连接，连接固定点不得裸露在外，加固螺栓应符合 YD 5059—2005《通信设备安装抗震设计规范》5.3 节的相关规定。机柜与基座之间的缝隙应采用防水材料封堵。

室外一体化机柜底部进出线需用室外 PVC 管、波纹管或金属软套管保护。

6）空调

柜式空调室内机安装应平稳牢靠，运行时不产生抖动移位；壁挂式空调室内机安装应与墙体紧固，保持水平。

空调室外机挂墙式安装时应保证支架、墙体、室外机三者连接紧固；空调室外机安装于楼面或落地安装时，应制作辅助基础将空调室外机与辅助基础进行固定，严禁室外机与楼面直接固定；空调室外机安装应保持水平。

空调室内外机连接管线敷设应平直美观，使用包扎带对管道进行包扎，管路弯曲时不得折扁。

空调过墙孔施工应美观，室内外机连接管线敷设完成后应使用防火胶泥对孔洞进行内外部封堵，严禁将馈线洞作为空调过墙孔使用。

连接管与空调室内机连接部位应做保温处理，排水管与空调室内机接水盘连接部位应使用防水胶布包扎。

排水管穿过的过墙孔内侧应高于外侧，利于冷凝水排出和防止雨水倒灌。

排水管敷设应保持 1/100 倾斜度，不应有缠绕、打结，墙体外露部分尽量短。

空调电源电缆材质规格应满足设计规范要求。

空调电源电缆中间不得驳接，电缆端头处应做好标识分别与空气开关和空调对应接线端紧固连接，直接从交流配电箱单独空开取电，不得使用插座取电，与交流电源电缆连接的相序、标识应符合设计要求。

空调电源电缆应采用线槽沿墙就近敷设，线槽走线应尽量短直美观。

空调设定温度按照中国铁塔股份有限公司维护要求设置。

空调运行 30 min 后，应使用压力表测试系统运转压力，压力应在设备说明正常范围内。

空调遥控器、控制面板各按键功能正常。

断电重新启动后空调应能自动恢复断电前状态。

检验空调是否缺相告警功能。

7）室内走线架、走线槽

室内走线架、走线槽安装位置、规格、长度应符合工程设计要求，走线架安装左右偏差不大于 50 mm。水平走线架应成一条直线，与地面保持平行，水平度每米误差不大于 2 mm。垂直走线架应与地面保持垂直，垂直度误差不大于 0.1%。走线架横档间距均匀，为 300 mm。

吊挂安装位置应符合工程设计和安装工艺的要求。吊挂安装整齐、牢固，与地面保持垂直，无歪斜现象。

走线架应平直，无明显扭曲歪斜。各横铁规格一致，两端紧贴走线架侧边和横铁卡子，横铁与走线架侧边相互垂直，横铁卡子用螺钉紧固。

横铁安装位置应满足电缆下线和做弯需求，当横铁影响下电缆时，可做适当调整。

走线架应牢固、平稳。走线架应与墙壁或机列保持平行，即水平走线架应与地面平行，垂直走线架应与地面垂直。每米误差不大于 2 mm。

走线架经过梁、柱时，应就近与梁、柱加固。在走线架上相邻固定点之间的距离不大于 1.5 m。走线架严禁采用膨胀螺钉与挡土墙固定。

安装走线架吊挂应符合工程设计要求，吊挂安装应垂直、整齐、牢固。

走线架的地面支柱安装应垂直稳固，允许垂直偏差不大于 0.1%。同一方向的立柱应在同一条直线上，当立柱妨碍设备安装时，可适当移动位置。

走线架的侧旁支撑、终端加固角钢的安装应牢固、端正、平直。

走线架穿过楼板孔洞或墙洞处应加装保护框，当电缆放绑完毕应用盖板封住洞口，保护框和盖板均应刷漆，其颜色应与地板或墙壁一致。

走线架不应阻碍机架内空气与外界的对流，机架顶与走线架的距离应大于 200 mm；为了便于电缆的布放，走线架与机房顶的净空距离应大于 300 mm。

走线架应做保护接地。用不小于 16 mm^2 的黄绿色接地线与室内接地汇流排连接，各段走线架接头处用 16 mm^2 电缆保持电气连通。

所有支撑加固用的膨胀螺栓余留长度应一致（螺母紧固后余留 5 mm 左右）。

当线缆不上走线架时应采用走线槽敷设的方式。

走线槽应平直、端正、牢固。槽道应成一直线，两槽道拼接处允许水平偏差为 2 mm。

走线槽道切割时切口要垂直整齐。线槽道的两端须安装盖子。

在抗震设防地区，走线架安装必须符合 YD 5059—2005《通信设备安装抗震设计规范》的要求。

8）馈电母线、电源线和信号线

（1）走线。电源线、地线、信号线的走线路由符合设计文件要求。

设备间连接线缆尽量上走线架，必须在墙面、地板下走线时应安装线槽。

（2）制作。电源线、接地线应用整段线料，不得在电缆中间做接头或焊点。线径与设计容量相符，布放路由符合设计文件要求，多余长度应裁剪。

电源线、接地线端子型号和线缆直径相符，芯线剪切齐整，不得剪除部分芯线后用小号压线端子压接。

电源线、接地线压接应牢固，芯线在端子中不可摇动。

电源线、接地线接线端子压接部分应加热缩套管或缠绕至少两层绝缘胶带，不得将裸线和铜鼻子鼻身露于外部。

根据 YD/T 1173—2010《通信电源用阻燃耐火软电缆》的规定，直流电源线正极应采用红色电缆，负极应采用浅蓝色电缆，开关电源工作地线应采用黑色电缆，设备保护地线应采用黄绿色电缆。

电池组的连线正确可靠，接线柱处加绝缘防护。

（3）布放。交流电缆、直流电缆、接地线缆和信号线缆分开布放。在机房室内走线架布线时，交直流电缆和接地线缆在上层走线架布放，其中交流和直流电缆沿走线架两侧布放，接地线缆布放于走线架中间，信号线缆在下层走线架布放。

在一体化机柜内走线时，电源线与信号线应分开布放，在走线槽或地沟等柜外布放时也应分别绑扎。电源线及信号线应从机柜两侧固定架内部穿过，绑扎于固定架外侧内沿。线扣应位于固定架外侧。

各条线缆相互间不得交叉，捆扎牢固，松紧适度。

电源线与电源分配柜接线端子连接，必须采用铜鼻子与接线端子连接，并且用螺钉加固，接触良好。

电源线弯曲时，弯曲半径应符合规定。铠装电力电缆的弯曲半径不得小于外径的 12 倍，塑包线和胶皮电缆不得小于其外径的 6 倍。

当电源线及地线接至电源接线端子时，应用工具钳拧出走线形状，走线应平直、绑扎整齐。连线时，连线较远的接线端子所连电线应布放于外侧；连线较近的接线端子所连的电线应布放于内侧。

电源接线铜鼻子贴面应与机柜接线板平滑、紧密接触，电源线进机柜方式应与走线方式一致，即上走线电源应接在机柜上部，下走线电源应接在机柜下部。

(4) 绑扎。电缆必须绑扎，绑扎后的电缆应互相紧密靠拢，外观平直整齐。电缆表面形成的平面高度差和垂面垂度差均不得超过 5 mm。

对于一体化机柜外走线应平整美观，横平竖直，尽量避免交叉，不得缠绕。

线扣规格合适。电缆束的截面越大，所用线扣应越长越宽（确保能够承受较大拉力），应尽量避免线扣的串联使用，线扣串联使用时最多不超过两根。

线缆固定在走线架横铁上，线扣间距均匀美观，确保线不松动，间距与走线架间隔一致，一般为300 ～ 700 mm。

多余线扣应剪除，所有线扣必须齐根剪平不拉尖，室外采用黑色扎带。

线缆表面清洁，无施工记号，护套绝缘层无破损。

(5) 连接。线缆剖头不应伤及芯线。在剖头处套上合适的套管或缠绕绝缘胶带，颜色与线缆尽量保持一致（黄绿色保护线除外）。

同类线缆剖头长度、套管或缠绕绝缘胶带长度尽量保持一致，偏差不超过 5 mm。

焊线不得出现活头、假焊、漏焊、错焊、混线等，芯线与端子紧密贴合。焊点不带尖、无瘤形，不得烫伤芯线绝缘层，露铜小于或等于 2 mm。

各种电缆连接正确，整齐美观。

线缆与铜排连接时，需将铜排表面打磨以去除氧化层。

(6) 其他。地排上的接地铜线端子应采用铜鼻子，用螺母紧固搭接；地线各连接处应实行可靠搭接和防锈、防腐蚀处理。

所有连接到汇接铜排的地线长度在满足布线基本要求的基础上选择最短最直路由。

线缆穿越孔洞进出机房或机柜时，应用棕色防火泥对缝隙及剩余空洞进行封堵。

9）防雷接地

基站机房（柜）必须采用联合接地方式。接地装置所使用材料的材质、规格、型号、数量、质量等应符合工程设计要求。

所有进入基站的外来导电物体在入局处就近可靠接地。

基站内的设备、金属地板、金属电缆桥架、蓄电池铁塔等大尺寸的内部导电物，应就近可靠连接到接地汇流排或接地汇集线上。

SPD 应以最短、直路径接地，其连接线应避免出现 "V" 形和 "U" 形弯，连线的弯曲角度不得小于 90°，且连接线必须绑扎固定好，松紧适中。

市电输入开关、防雷后备保护空开、SPD 的连接线及接地线连接应牢靠，用手扯动确认可靠后合上防雷后备保护空开，箱式 SPD 应确认指示灯是否显示正常。

接地汇流排（或走线架）固定在墙体或柱子上时，必须牢固、可靠，并与建筑物内钢筋绝缘。

各种设备的保护地线应单独连接至接地汇流排。不得在一条接地线上串几个需要接地的通信设备。

铺设接地线应平直、拼拢、整齐，不得有急剧弯曲和凹凸不平现象，多余的线缆应截断，不得盘绕；绑扎线扣整齐，松紧合适。

严禁在接地线中加装开关或熔断器。

多股接地线与接地汇流排连接时，必须加装接线端子（铜鼻子），接线端子尺寸应与线径相吻合，接地线与接线端子应使用压接方式，压接强度以用力拉拽不松动为准，并用热缩套管或绝缘胶带将接线端子的根部做绝缘处理。接线端子与汇流排（汇集排）的接触部分应平整、紧固，无锈蚀、氧化，不同材质连接时应涂导电胶或凡士林。接线端子安装时，接线端子与铜排接触边的夹角宜为 90°。

除开关电源工作地线采用黑色电缆，其余接地线应采用黄绿相间的电缆，接地线与汇流排的连接处有清晰的标识标签。

室外一体化机柜的各柜内排直接用 35 mm² 的多股铜线接到柜外地排，光缆加强芯接地固定装置的接地线用 16 mm² 的多股铜线接到柜外接地排。

10）标签

基站电源系统中的所有设备和线缆应统一使用建设公司的标准机打标签。

对于设备标签，应粘贴在设备正面右上角明显的地方，室外一体化机柜标签粘贴于柜门内侧上方。每根线缆（如电源线、保护地线等）的标签均粘贴于首尾两端距线头 20 ～ 100 mm 处，在并排有多条走线时，标签必须贴在同一水平线上。标签的标注应工整、清晰，并且标注方法要与竣工图纸上的标注一致。

设备的标签应贴在设备的显眼处，且不影响整体环境的统一协调性，以保持整体美观。主机、电源必须加挂警示牌。

7.3 基站传输系统安装

基站传输系统是站点与网络之间的联系通道。传输系统的质量，直接影响信号传输交互的质量。

7.3.1 室外传输引入

室外传输引入常用引入方式一般有三种：架空光缆引入、管道光缆引入、墙壁光缆引入。不同的传输引入方式规范不同。

1. 架空光缆引入

（1）架空光缆在平地敷设光缆时，使用挂钩吊挂；山地或陡坡敷设光缆，使用绑扎方式敷设光缆。光缆接头应选择易于维护的直线杆位置，预留光缆用预留支架固定在电杆上。

（2）架空杆路的光缆每隔 3 ～ 5 档杆要求作 U 形伸缩弯，大约每 1 km 预留 15 m。

（3）引上架空（墙壁）光缆用镀锌钢管保护，管口用防火泥堵塞。

（4）架空光缆每隔 4 档杆左右及跨路、跨河、跨桥等特殊地段应悬挂光缆警示标志牌。

（5）空吊线与电力线交叉处增加三叉保护管保护，每端伸长不得小于 1 m。

（6）近公路边的电杆拉线应套包发光棒，长度为 2 m。

（7）为防止吊线感应电流伤人，每处电杆拉线要求与吊线电气连接，各拉线位应安装拉线式地线，要求吊线直接用衬环接续，在终端直接接地。

2. 管道光缆引入

（1）光缆敷设前管孔内穿放子孔，光缆选 1 孔同色子管适中穿放，空余所有子管管口应加塞子保护。

（2）按人工敷设方式考虑，为了减少光缆接头损耗，管道光缆应采用整盘敷设。

（3）为了减少布放时的牵引力，整盘光缆应由中间分别向两边布放，并在每个人孔安排人员做中间辅助牵引。

（4）光缆穿放的孔位应符合设计图纸要求，敷设管道光缆之前必须清刷管孔。子孔在人手孔中的余长应露出管孔 15 cm 左右。

（5）手孔内子管与塑料纺织网管接口用 PVC 胶带缠扎，以避免泥沙渗入。

（6）光缆在人（手）孔内安装，如果手孔内有托板，光缆在托板上固定；如果没有托板则将光缆固定在膨胀螺栓上，膨胀螺栓要求钩口向下。

（7）光缆出管孔 15 cm 以内不应做弯曲处理。

（8）每个手孔内及机房光缆和 ODF 光纤配线架上均采用塑料标志牌以示区别。

3. 墙壁光缆引入

（1）除地下光缆引上部分外，严禁在墙壁上敷设铠装或油麻光缆。

（2）跨越街坊或院内通道时，其缆线最低点距地面应不小于 4.5 m。

（3）吊线程式采用 7/2.2、7/2.6，支撑间距为 8 ~ 10 m，终端固定与第一只中间支撑间距应不大于 5m。

（4）吊线在墙壁上水平或垂直敷设时，其终端固定、吊线中间支撑应符合《本地网通信线路工程验收规范》。

（5）钉固螺钉必须在光缆的同一侧。光缆不宜以卡钩式沿墙敷设。不可避免时，应在光缆上加套子管予以保护。光缆沿室内楼层突出墙面的吊线敷设时，卡钩距离为 1m。

7.3.2　基站内传输系统安装

基站内传输系统一般有包括：架空光缆引入、管道光缆引入、墙壁光缆引入。不同的引入方式规范不同。

1. 光缆布线

（1）基站内光缆在经由走线架、拐弯点（前、后）应予绑扎，垂直上升段应分段（段长不大于 1m）绑扎，上下走道或墙壁应每隔 50 cm 用 2 ~ 3 圈绑扎，绑扎部位应垫胶管，避免受到侧压力。

（2）基站内光缆不改变程式时，采用 PVC 阻燃胶带包扎做防火处理，进线孔洞要求用防火泥堵塞。

（3）ODF 架端子板上应清楚注明各端子的局向和序号。

（4）基站内光缆预留盘圈绑扎固定在走线架或墙壁上，基站光缆可预留在基站外的终端杆上。

（5）基站内光缆一般从局前手井经地下进线室引至光传输设备。基站内光缆应挂按相关规定制作的标识牌以便识别。

（6）光缆在进线室内应选择安全的位置，当处于易受外界损伤的位置时，应采取保护措施。

（7）基站内光缆应布放整齐美观，沿上线井布放的光缆应绑扎在上线加固横铁上。

（8）按规定预留在设备侧的光缆，可以留在传输设备机房或进线室。有特殊要求预留的光缆，应按设计要求留足。

（9）光缆引入基站后应堵塞进线管孔，不得渗水、漏水，做好接地措施。

2. 光缆成端

光缆成端示意图如图 7-11 所示，具体规范要求如下：

（1）应根据规定或设计要求留足预留光缆。

（2）在基站内的光缆终端接头安装位置应稳定安全，远离热源。

（3）成端光缆和自光缆终端接头引出的单芯软光纤应按照 ODF 的说明书进行。

（4）走线按设计要求进行保护和绑扎。

（5）单芯软光纤所带的连接器，应按设计要求顺序插入光配线架（分配盘）。

（6）未连接软光纤的光配线架（分配盘）的接口端部应盖上塑料防尘帽。

（7）软光纤在机架内的盘线应大于规定的曲率半径。

（8）光缆在 ODF 成端处，将金属构件用铜芯聚氯乙烯护套电缆引出，并将其连接到保护地线上。

（9）软光纤应在醒目部位标明方向和序号。

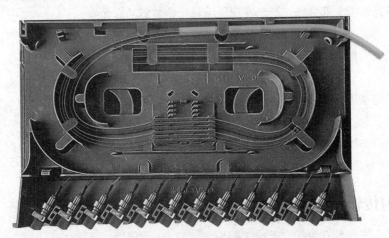

图 7-11　光缆成端示意图

3. ODF 安装

（1）ODF 安装位置、排列及标志应符合施工图的设计要求。

（2）安装时小心仔细，保持整洁无污迹，避免表面出现掉漆刮痕。

（3）ODF 上的法兰盘安装位置正确、牢固、方向一致，未使用的光口和尾纤，必须使用防尘帽进行保护处理。

（4）机柜前后门开、合顺畅，必须安装好接地保护，机柜必须配备防静电手环。

（5）进出线口封闭处理，不留缝隙；如果使用防鼠袋，防鼠袋扎口必须扎紧。

（6）布放线缆时，走线横平竖直，禁止飞线与线缆交叉；注意电源线和信号传输线分开至机柜两侧布放，避免相互产生干扰。

（7）富余线缆盘留在机柜侧面，不允许直接盘留在走线槽内，并且必须使用扎带进行固定，盘留时保持合理的弯曲半径，严禁对折。

（8）线缆布放完成后，贴好标签，并且按照规定使用扎带进行绑扎，扎带绑好之后多余部分整齐剪断，避免伤人。

（9）遵守国家相关规定与运营商及设备商的其他规范要求。

4. SPN 安装

（1）SPN 安装之前，需要先确定机柜内的剩余空间，足够满足 SPN 对上下左右前后隔离度的要求，才可以进行柜内安装。

（2）安装 SPN 时调整挂耳，确保 SPN 保持水平，挂耳螺钉一定要拧紧固定。

（3）SPN 对接其他设备时，本端端口、对端端口、两端的光模块速率必须一一对应。

（4）布放线缆时，走线横平竖直，禁止飞线与线缆交叉；注意电源线和信号传输线分开至机柜两侧布放，避免相互产生干扰；机房外走线需要使用保护管。

（5）线缆布放完成后，贴好标签，并且按照规定使用扎带进行绑扎，扎带绑好之后多余部分整齐剪断，避免伤人。

（6）需要连接接地线至柜内地排，确保接地稳定可靠。

（7）SPN 空的板位需安装假面板，板卡上暂时不使用的接口需要安装防尘塞，防止进灰。

（8）SPN 取电不允许使用柜内 DCDU，必须使用电源柜内二次下电的对应电源。

（9）遵守国家相关规定与运营商及设备商的其他规范要求。

5. OTN 安装

（1）OTN 安装之前，需要先确定机柜内的剩余空间，足够满足 OTN 对上下左右前后隔离度的要求，才可以进行柜内安装。

（2）安装 OTN 时调整挂耳，确保 OTN 保持水平，挂耳螺钉一定要拧紧固定。

（3）OTN 对接其他设备时，本端端口、对端端口、两端的光模块速率必须一一对应。

（4）布放线缆时，走线横平竖直，禁止飞线与线缆交叉；注意电源线和信号传输线分开至机柜两侧布放，避免相互产生干扰；机房外走线需要使用保护管。

（5）线缆布放完成后，贴好标签，并且按照规定使用扎带进行绑扎，扎带绑好之后多余部分整齐剪断，避免伤人。

（6）需要连接接地线至柜内地排，确保接地稳定可靠。

（7）OTN 空的板位需安装假面板，板卡上暂时不使用的接口需要安装防尘塞，防止进灰。

（8）OTN 取电不允许使用柜内 DCDU，必须使用电源柜内二次下电的对应电源。

（9）遵守国家相关规定与运营商及设备商的其他规范要求。

7.4 基站主设备安装

基站主设备是基站的主体，是基站最核心的设备。

7.4.1 开工筹备

基站主设备安装施工之前，一定要做好开工筹备工作，确保可以正常施工，尽量避免"白跑一趟"、"回去拿个什么"等情况的发生。

开工筹备工作主要包括以下几个方面。

1. 材料手续及人员筹备

开工筹备第一件事情是确认施工任务的相关手续是否完备，设计图纸、施工任务、材料清单等是否明确，根据施工任务筹备好相关施工人员，同时办好证件；如高空作业人员需要有登高证，电源相关作业人员需要有电工证，线缆相关作业人员需要有线务员证等。另外，如果在一些偏远地区，可能还需要提前联系好当地向导。

2. 站点其他设备安装确认

一般情况下，基站主设备安装完成之后，马上进行上电开通调测。所以在基站主设备安装施工之前，需要先确认机房土建、塔桅、电源及防护、传输等设备是否都已安装完成，并且正常开通运行；给主设备预留的柜位，电源、传输、接地端口是否都已留好。

3. 物料筹备

按照材料清单筹备主材，根据施工任务与材料清单筹备辅材与施工工具。由于材料类型较多，并且比较相近相似，物料筹备时一定要确认材料与工具的种类、型号、数量正确，同时备好一定的备用份额，防止出现意外。另外，根据当地气候，还需要筹备一些药品及应急物资。

4. 工期确认

根据现场情况，确定好工期。如果是租赁站点，需要提前与客户确认好工期；一些敏感站点，情况比较特殊，更需要提前确认好工期。另外，由于主设备施工时，安装 AAU 等工作涉及高空作业，需要考虑当地天气情况，非特殊情况，严禁在雨、雪、雾、冰雹、雷电、大风等恶劣环境下进行高空作业。

5. 施工路线及其他

根据人员及物料工具筹备情况，筹备好相关车辆。根据之前确认的工期，确定好出发时间与路线。一些偏远地区，路程较远且路况复杂，出发时间要考虑好。由于一些站点在山顶，物料搬运工作需要耗费较长时间，也需要重点考虑。当天无法返回的，还需要考虑住宿情况。

7.4.2 施工规范

为了确保施工可以顺利进行，避免发生工程事故，所以施工时，必须遵守一些规范。

1. 开工前培训考核

施工之前一定要进行开工培训，让施工人员明确任务情况，了解可能发生的意外情况，掌握应急对应措施。另外，培训时除了操作技术之外，需要重点强调安全生产相关内容。

培训结束进行相关考核，考核不通过的继续学习，通过之后才允许施工。

2. 文明施工

严格施工现场管理，保证施工快速有序开展，尽量减少和避免施工对业主的影响。

施工用设备、材料、工器具等堆放和施工现场必须干净、整洁、有序。

3. 持证上岗

带电作业、高空作业等施工人员必须持证上岗施工，确保人证一致，才可以施工。严禁无证人员进行特殊工种作业。

4. 施工结束扫尾

施工结束之后，需要对现场进行扫尾，清扫垃圾，并且进行垃圾分类处理，严禁乱丢垃圾；离开施工现场时，检查门窗已关好，与后台监控中心确认之后才可以离场。

5. 其他规范

施工还需要遵守国家相关规定与运营商及设备商的其他规范要求。

7.4.3 BBU 安装规范

BBU 常用的安装方式一般有两种：柜内安装与壁挂安装。

1. 柜内安装规范

BBU 柜内安装情况如图 7-12 所示，具体规范如下：

（1）柜内安装之前，需要先确定机柜内的剩余空间，足够满足 BBU 对上下左右前后隔离度的要求，才可以进行柜内安装。

（2）安装 BBU 时调整挂耳，确保 BBU 保持水平，挂耳螺钉一定要拧紧固定。

（3）BBU 对接其他设备时，本端端口、对端端口、两端的光模块速率必须一一对应。

（4）布放线缆时，走线横平竖直，禁止飞线与线缆交叉；注意电源线和信号传输线分开至机柜两侧布放，避免相互产生干扰；机房外走线需要使用保护管。

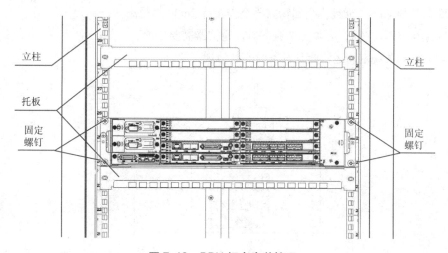

图 7-12 BBU 柜内安装情况

（5）线缆布放完成后，贴好标签，并且按照规定使用扎带进行绑扎，扎带绑好之后多余部分整齐剪断，避免伤人。

（6）需要连接接地线至柜内地排，确保接地稳定可靠。

（7）BBU 空的板位需安装假面板，板卡上暂时不使用的接口需要安装防尘塞，防止进灰。

（8）BBU 取电优先使用柜内 DCDU，若柜内无 DCDU 或 DCDU 没有多余端口，再考虑从电源柜直接取电。

（9）遵守国家相关规定与运营商及设备商的其他规范要求。

2. 壁挂安装规范

（1）壁挂安装之前，需要先确定墙体材质为实心砖或水泥等较好材质，有足够的强度可以支撑设备；墙面平整、垂直。

（2）可以选择竖直安装或者水平安装，安装保持水平面与垂直面偏差小于 1°。设备面板朝向方便操作和维护，禁止安装在门后，避免开门损伤设备。

（3）壁挂 BBU 必须与其他壁挂设备至少保持 80 cm 间隔距离。

（4）壁挂 BBU 如果安装在室外，上方需要安装防雨棚，防止飘雨、返潮滴水或空调滴水。

（5）布线、接地、取电、防尘等要求与柜内安装一致，如果安装在机房外，布线需要使用保护管。

（6）遵守国家相关规定与运营商及设备商的其他规范要求。

7.4.4 GPS 安装规范

GPS 常用的安装方式只有一种室外安装，具体情况如图 7-13 所示，具体规范如下：

（1）GPS 一般安装位置为支杆、室外走线架、附墙。如果没有合适安装位置需要先立小抱杆，再安装。

（2）GPS 必须垂直安装在空旷位置，垂直偏差必须小于 1°，上方 90°范围内无任何遮挡。

（3）GPS 室外接口处必须做好防水措施，机房外走线需要使用保护管。

（4）GPS 与其他 GPS、天线、金属物需要至少保持 2m 间隔距离。

（5）GPS 连接 BBU 之间，必须加装避雷器，避雷器需要接地。

（6）遵守国家相关规定与运营商及设备商的其他规范要求。

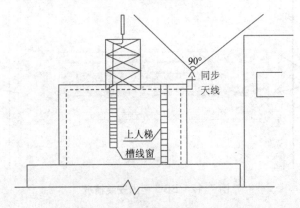

图 7-13　GPS 安装规范示意图

7.4.5　AAU 安装规范

AAU 常用的安装方式为室外安装。具体规范如下：

（1）AAU 安装位置需要符合设计的要求，方位角误差不大于 5°，下倾角误差不大于 1°，高度与规划一致，覆盖正面不能有阻挡。

（2）AAU 较重，安装位置必须牢固，注意做好接地保护，并且必须处于避雷针保护范围内。

（3）AAU 机房外走线使用保护管，接口处做好防水措施，线缆必须做好标签。

（4）AAU 安装时，需要注意与其他射频、天线设备保持足够间隔距离，确保自身能正常运行又不能影响其他设备运行。

（5）如果使用美化方柱、空调等美化罩等进行伪装，美化罩必须有足够的开孔，方便空气流通和 AAU 散热，并且预留好可调整空间，不能影响后期 AAU 的优化调整。

（6）遵守国家相关规定与运营商及设备商的其他规范要求。

7.4.6　RRU 安装规范

RRU 常用的安装方式为室外安装或室内安装。具体规范如下：

（1）RRU 安装位置需要符合设计的要求，与天线之间的馈线长度不超过 5m。

（2）RRU 较重，安装位置必须牢固，注意做好接地保护。如果为室外安装，必须处于避雷针保护范围内。

（3）RRU 室外走线使用保护管，接口处做好防水措施，线缆必须做好标签。

（4）RRU 安装时，需要注意与其他射频、天线设备保持足够间隔距离，确保自身能正常运行又不能影响其他设备运行。

（5）如果使用美化方柱、空调等美化罩等进行伪装，美化罩必须有足够的开孔，方便空气流通和 RRU 散热，并且预留好可调整空间，不能影响后期 RRU 的优化调整。

（6）遵守国家相关规定与运营商及设备商的其他规范要求。

7.4.7　RHUB 安装规范

RHUB 常用的安装方式为室内安装。具体规范如下：

（1）RHUB 安装时尽量选择干燥、干净、阴凉、通风好的安装位置，远离易燃易爆、强磁、强热源。避开漏水或者滴水的地方。

（2）RHUB 安装时面板不能朝上，防止可能滴水。

（3）RHUB 的连接线缆禁止布放在通风散热孔外侧，线缆布放完成必须做好标签。

（4）RHUB 必须做好接地，安装时未使用的端口安放防尘塞。

（5）RHUB 机房外走线使用保护管，接口处做好防水措施。

（6）如果采取挂墙安装，注意墙体质量牢固，可以支撑设备，并且墙面平直，安装时需要使用机柜。

（7）遵守国家相关规定与运营商及设备商的其他规范要求。

7.4.8 pRRU 安装规范

pRRU 常用的安装方式为室内安装。具体规范如下：

（1）如果采取挂墙安装，注意墙体质量牢固，可以支撑设备，并且墙面平直。

（2）pRRU 禁止接地。pRRU 几侧都有接口，安装时注意预留空间。

（3）pRRU 机房外走线使用保护管，接口处做好防水措施。

（4）pRRU 连接线缆一般为超六类网线或者光电复合缆。

（5）遵守国家相关规定与运营商及设备商的其他规范要求。

7.5 硬件对接配置

基站设备安装完成之后,是一个个零散的设备,需要通过线缆连接才能把它们连接成一个基站整体。

7.5.1 电源及防护对接

基站主设备施工安装完成之后，需要先进行线缆连接，线缆连接成功之后，才可以进行调测。一般情况下，先连接电源及防护设备。

1. 主设备与防护设备连接

首先进行主设备与防护设备连接，一般情况下，机房内设备统一接入机房内接地排。由于机房内接地排端口数有限，可以先以机柜为单位进行柜内统一接地，再由柜内地排接入机房内地排。机房接地系统连线除 GPS 与避雷器连 BBU 使用馈线之外，其他的都使用接地线。

机房外设备除了 GPS 天线之外，其他都统一接入机房外接地排；GPS 天线连接避雷器再接入 BBU。室内分布设备一般就近连接大楼内接地系统。

具体情况如图 7-14 所示。

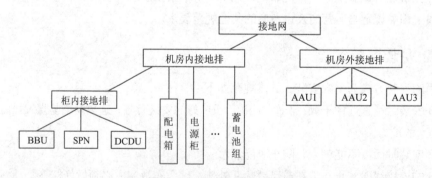

图 7-14　机房设备接地示意图

2. 主设备与电源设备连接

主设备与电源设备连接时，一般连接电源柜的一次下电端子，由于需要接电的主设备较多，为节省电源柜接电端子资源，一般情况下，通过配电盒汇总之后再接入电源柜。室内分布设备一般就近连接大楼内市电系统。

主设备与电源连接一般都使用 DC 电缆线，根据电流大小，选择合适的线径进行连接。
具体情况如图 7-15 所示。

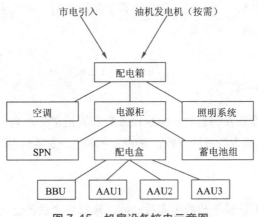

图 7-15 机房设备接电示意图

7.5.2 数据线缆对接

主设备数据线缆对接一般包括：主设备内部线缆对接、主设备与传输系统对接、主设备外接天馈
设备。具体情况如图 7-16 所示。

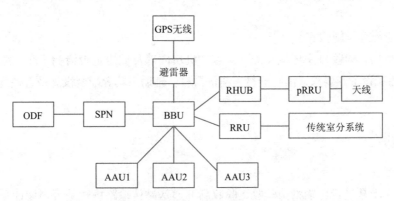

图 7-16 机房设备数据线缆连接示意图

主设备内部线缆连接是指 BBU、AAU、GPS 天线、RRU、RHUB、pRRU 之间的连线，BBU 与
GPS 天线之间连接使用馈线，RHUB 与 pRRU 之间连接使用光电复合缆或超六类网线，其他主设备连
线都使用光纤。

主设备与传输系统连线是指 BBU 与 SPN 之间的连线，一般使用光纤进行连接。

主设备与外接天馈设备连线，一般是指 pRRU 与外接天线或者 RRU 与传统室分系统之间的连线，
一般都使用馈线进行连接。使用光纤连接时，需要注意两端连接端口类型与速率。

7.6　工程验收

工程验收是站点工程的最后一步，也是确保工程质量的最后一道关卡，验收的结果决定了站点工程的质量，也直接决定了信号服务的质量。

7.6.1　硬件验收

1. 设备安装验收

硬件验收第一步是进行设备安装验收，验收设备是否能正常开通运行，数量、型号及其他相关参数是否与设计一致，安装位置是否与设计一致，安装是否牢固，安装是否符合国家规范及运营商设备商要求。

2. 接头与线缆布放验收

设备安装验收通过后，进行接头与线缆布放验收，验收各个设备之间连接使用的接口接头位置、类型、数量是否与设计一致，室外线缆布放是否按规定使用保护管，接线头与线缆布放与绑扎是否符合国家规范及运营商和设备商要求。

3. 标签验收

接头走线验收通过之后，进行标签验收，验收机房内所有线缆接头位置是否按照规定做好标签，标签类型使用是否正确，标签字迹是否清晰易识别，标签文字表达意思是否清楚明了，标签内容说明是否正确。

4. 机房环境与配套设施验收

标签验收完成后，验收机房环境及配套设施。机房内部及周边是否清扫干净，温度湿度是否符合国家规范及运营商和设备商要求，消防器材、清洁器材、辅助工具等配套设施是否按规定配备并且按要求摆放。

7.6.2　软件验收

1. 传输路由验收

软件验收第一步是进行传输路由验收，验收新开通基站传输路由数是否与设计一致，各路传输是否已接通，每路传输路由本端及对端端口号是否与设计一致，各路传输带宽是否与设计一致。

2. 监控告警验收

传输验收通过之后，进行监控告警验收，验收新开通基站是否已纳入监控系统，验收各类告警是否能正常触发并且后台监控中心能及时监控发现，告警触发之后能否正常消除并且后台监控中心也能发现。

3. 主设备相关参数验收

监控告警验收通过之后，进行主设备参数验收，验收新开通基站开通小区数量是否与规划设计一致，基站级的参数与每个小区的频率、带宽、PCI、CI、邻区等各类参数是否按照规划设计进行设置，基站归属的核心网相关参数是否按照规划设计配置。

4. 信号覆盖验收

验收新开通室外基站信号输出是否正常，输出信号强度与质量是否正常并且符合设计要求，输出信号参数是否符合规划设计，信号覆盖位置是否符合规划设计，信号是否能正常进行移动性连接。整体信号覆盖是否达标，是否符合设计方案。

5. 业务功能验收

验收新开通基站各类通信服务业务功能（语音主被叫、VOLTE 主被叫、PING、上传 / 下载等）是否可正常接通，各类业务是否符合规划，如语音通话是否清晰流畅，PING 业务延迟是否正常，上传下载业务速率是否达标等。

6. KPI 指标验收

验收新开通基站各项 KPI 指标（接通、掉线、切换、速率等）是否达标。

小结

本章首先介绍了机房与塔桅建设安装，然后介绍了站点内各项设备安装，着重介绍了站点线缆连接，最后介绍了工程验收环节。工程。

参考文献

[1] 陈佳莹，张溪，林磊. IUV-4G 移动通信技术 [M]. 北京：人民邮电出版社，2016.

[2] 陈佳莹，胡蔚，刘忠，等. 窄带物联网（NB-IoT）原理与技术 [M]. 西安：西安电子科技大学出版社，2020.

[3] 吴延军，陈百利. 通信电源 [M]. 北京：高等教育出版社，2018.

[4] 孙青华，王喆，陈佳莹，等. FTTx 光纤接入网络工程：勘察设计篇 [M]. 西安：西安电子科技大学出版社，2020.

[5] 周海飞，杨诚. 通信工程勘察设计与概预算 [M]. 北京：高等教育出版社，2019.

[6] 广州杰赛通信规划设计院. 室内分布系统规划设计手册 [M]. 北京：人民邮电出版社，2016.

[7] 刘忠，陈佳莹，林磊. 新一代 5G 网络：从原理到应用 [M]. 北京：中国铁道出版社有限公司，2021.

[8] 中华人民共和国工业和信息化部. 信息通信建设工程预算定额（共 5 册）：工信部通信〔2016〕451 号 [S]. 北京：人民邮电出版社，2016.

[9] 中华人民共和国工业和信息化部. 信息通信建设工程费用定额：工信部通信〔2016〕451 号 [S]. 北京：人民邮电出版社，2016.

[10] 中华人民共和国工业和信息化部. 信息通信建设工程概预算编制规程：工信部通信〔2016〕451 号 [S]. 北京：人民邮电出版社，2016.

[11] 中华人民共和国工业和信息化部. 通信用配电设备：YD/T 585—2010 [S]. 北京：人民邮电出版社，2010.

[12] 中华人民共和国工业和信息化部. 通信用高频开关整流器：YD/T 731—2008 [S]. 北京：北京邮电大学出版社，2008.

[13] 中华人民共和国工业和信息化部. 通信用阀控式密封铅酸蓄电池：YD/T 799—2010 [S]. 北京：人民邮电出版社，2010.

[14] 中华人民共和国工业和信息化部. 通信局（站）电源系统总技术要求：YD/T 1051—2018 [S]. 北京：人民邮电出版社，2018.

[15] 中华人民共和国工业和信息化部. 通信用高频开关电源系统：YD/T 1058—2015 [S]. 北京：人民邮电出版社，2015.

[16] 中华人民共和国工业和信息化部. 通信局（站）电源、空调及环境集中监控管理系统 第 1 部分：系统技术要求：YD/T 1363.1—2014 [S]. 北京：人民邮电出版社，2014.

[17] 中华人民共和国工业和信息化部. 通信局（站）机房环境条件要求与检测方法：YD/T 1821—2018 [S]. 北京：北京邮电大学出版社，2018.

[18] 中华人民共和国工业和信息化部. 通信局（站）电源系统维护技术要求　第 1 部分：总则：YD/T 1970.1—2009 [S]. 北京：北京邮电大学出版社，2009.

[19] 中华人民共和国国家质量监督检验检疫总局，中国国家标准化管理委员会. 基于 Modbus 协议的工业自动化网络规范：GB/T 19582—2008 [S]. 北京：中国标准出版社，2008.

[20] 中华人民共和国住房和城乡建设部. 低压配电设计规范：GB 50054—2011 [S]. 北京：中国计划出版社，2011.

[21] 中华人民共和国住房和城乡建设部. 建筑物防雷设计规范：GB 50057—2010 [S]. 北京：中国计划出版社，2010.

[22] 中华人民共和国住房和城乡建设部. 交流电气装置的接地设计规范：GB/T 50065—2011 [S]. 北京：中国标准出版社，2011.

[23] 中华人民共和国住房和城乡建设部. 数据中心设计规范：GB 50174—2017 [S]. 北京：中国计划出版社，2017.

[24] 中华人民共和国住房和城乡建设部. 民用建筑热工设计规范：GB 50176—2016 [S]. 北京：中国建筑工业出版社，2016.

[25] 中华人民共和国住房和城乡建设部. 通信局（站）防雷与接地工程设计规范：GB 50689—2011 [S]. 北京：中国计划出版社，2011.

[26] 中华人民共和国住房和城乡建设部. 通信电源设备安装工程设计规范：GB 51194—2016 [S]. 北京：中国计划出版社，2016.

[27] 中华人民共和国住房和城乡建设部. 建筑结构可靠度设计统一标准：GB 50068—2018 [S]. 北京：中国建筑工业出版社，2018.

[28] 中华人民共和国住房和城乡建设部. 高耸结构设计标准：GB 50135—2019 [S]. 北京：中国计划出版社，2019.

[29] 中华人民共和国住房和城乡建设部. 建筑结构荷载规范：GB 50009—2012 [S]. 北京：中国建筑工业出版社，2012.

[30] 中华人民共和国住房和城乡建设部. 钢结构设计规范：GB 50017—2017 [S]. 北京：中国建筑工业出版社，2017.

[31] 中华人民共和国住房和城乡建设部. 建筑抗震设计规范：GB 50011—2010 [S]. 北京：中国建筑工业出版社，2010.

[32] 中华人民共和国住房和城乡建设部. 建筑地基基础设计规范：GB 50007—2011 [S]. 北京：中国计划出版社，2011.

[33] 中华人民共和国工业和信息化部. 移动通信工程钢塔桅结构设计规范：YD/T 5131—2019 [S]. 北京：北京邮电大学出版社，2019.

[34] 中华人民共和国国家质量监督检验检疫总局. 碳素结构钢：GB/T 700—2006 [S]. 北京：中国标准出版社，2006.

[35] 中华人民共和国国家质量监督检验检疫总局，中国国家标准化管理委员会. 建筑材料及制品燃烧性能分级：GB 8624—2012 [S]. 北京：中国标准出版社，2012.

[36] 中华人民共和国国家质量监督检验检疫总局. 绝热用模塑聚苯乙烯泡沫塑料：GB/T 10801.1—2002 [S]. 北京：中国标准出版社，2002.

[37] 中华人民共和国国家质量监督检验检疫总局，中国国家标准化管理委员会. 建筑绝热用硬质聚氨酯泡沫塑料：GB/T 21558—2008 [S]. 北京：中国标准出版社，2008.

[38] 中华人民共和国国家市场监督管理总局，中国国家标准化管理委员会. 彩色涂层钢板及钢带：GB/T 12754—2019 [S]. 北京：中国标准出版社，2019.

[39] 中华人民共和国国家质量监督检验检疫总局，中国国家标准化管理委员会. 建筑用压型钢板：GB/T 12755—2008 [S]. 北京：中国标准出版社，2008.

[40] 中华人民共和国国家质量监督检验检疫总局，中国国家标准化管理委员会. 防盗安全门通用技术条件：GB 17565—2007 [S]. 北京：中国标准出版社，2007.

[41] 中华人民共和国住房和城乡建设部. 建筑设计防火规范：GB 50016—2014 [S]. 北京：中国计划出版社，2014.

[42] 中华人民共和国住房和城乡建设部. 建筑照明设计标准：GB 50034—2013 [S]. 北京：中国建筑工业出版社，2013.

[43] 中华人民共和国住房和城乡建设部. 公共建筑节能设计标准：GB 50189—2015 [S]. 北京：中国建筑工业出版社，2015.

[44] 中华人民共和国住房和城乡建设部. 建筑内部装修设计防火规范：GB 50222—2017 [S]. 北京：中国计划出版社，2017.

[45] 中华人民共和国住房和城乡建设部，中华人民共和国国家质量监督检验检疫总局. 建筑工程抗震设防分类标准：GB 50223—2008 [S]. 北京：中国建筑工业出版社，2008.

[46] 中华人民共和国住房和城乡建设部. 民用建筑设计统一标准：GB 50352—2019 [S]. 北京：中国建筑工业出版社，2019.

[47] 中华人民共和国工业和信息化部. 通信系统用户外机房：YD/T 1624—2015 [S]. 北京：人民邮电出版社，2015.

[48] 中华人民共和国工业和信息化部. 通信建筑抗震设防分类标准：YD/T 5054—2019 [S]. 北京：北京邮电大学出版社，2019.

[49] 中华人民共和国住房和城乡建设部. 民用建筑电气设计标准：GB 51348—2019 [S]. 北京：中国建筑工业出版社，2019.

[50] 3GPP，TR38.900. Study on channel model for frequency spectrum above 6 GHz.

[51] 3GPP，TR38.901. Study on channel model for frequencies from 0.5 to 100 GHz.

[52] 3GPP，TR36.873. Study on 3D channel model for LTE.